决定上限的是你的格局和情商

连山 / 著

中国华侨出版社

·北京·

图书在版编目(CIP)数据

决定上限的是你的格局和情商 / 连山著. — 北京：
中国华侨出版社，2023.5

ISBN 978-7-5113-8646-5

Ⅰ.①决… Ⅱ.①连… Ⅲ.①情商—通俗读物 Ⅳ.
①B842.6-49

中国版本图书馆CIP数据核字（2021）第198250号

决定上限的是你的格局和情商

著　　者：连　山	
责任编辑：江　冰	
封面设计：韩　立	
美术编辑：盛小云	
经　　销：新华书店	
开　　本：880mm×1230mm　　1/32开　　印张：6.5　　字数：150千字	
印　　刷：河北松源印刷有限公司	
版　　次：2023年5月第1版	
印　　次：2023年5月第1次印刷	
书　　号：ISBN 978-7-5113-8646-5	
定　　价：38.00元	

中国华侨出版社　　北京市朝阳区西坝河东里77号楼底商5号　　邮编：100028

发 行 部：(010) 58815874　　　传　真：(010) 58815857

网　　址：www.oveaschin.com　　E-m a i l：oveaschin@sina.com

如果发现印装质量问题，影响阅读，请与印刷厂联系调换。

前言

　　人生需要格局，拥有怎样的格局，就会拥有怎样的人生。很多大人物之所以能成功，是因为他们从自己还是不起眼的小人物的时候就开始构筑人生的格局。而所谓格局，是用长远、发展、战略的眼光来看问题；以帮助、合作、奉献的态度来交朋友；以大局为重、不计小嫌的博大胸怀来做事情。拥有大格局者，有开阔的心胸，不会因环境的不利而妄自菲薄，更不会因能力的不足而自暴自弃。格局狭小者，往往会因为生活的不如意而怨天尤人，因为一点小的挫折就一筹莫展，看问题的时候常常一叶障目，不见泰山，成为碌碌无为的人。对一个人来说，格局有多大，这辈子的成就就有多大。有大格局的人，自然就会拥有一种开阔的精神气象，这就是成功者的气场。大格局会造就一个人的坚韧和智慧，让其既可以入世去担当责任，也可以平静地面对自己内心的躁动。这样，什么样的险阻都可以平安渡过，最终凭自己的力量开创一片新的天地。

　　情商不仅仅是开启心智大门的钥匙，更是影响个人命运的关键因素。一个人成功与否，受很多因素的影响，如教育程度、智商、人生观、价值观等。要做出明智的决定、采取最合理的行动、正确应对变化并最终取得成功，情商不但是必要的，而且是至关重要的。高情商者可以充分发挥潜能、有效调节情绪，可以与周围的人和环境保持良好的亲近度，因此会获得更多的机遇，从而提前实现自己的梦想。

总之，格局与情商是决定人生上限的两个重要因素。本书深入阐释了格局与情商对人生的重要性，为个人心灵与能力的发展，提供了由内至外的全面、正确的引导，形成了一套完备的实战性极强的成功系统，适合每一个希望超越现状，改造自我，过得更好的人阅读。如果你正在迷惘中不知去向，如果你正在为追求成功精疲力竭，如果你正在为不快乐的人生烦恼不堪，那么，请阅读本书，与我们一起踏上提升格局与情商的旅程，去创造更好的自己。

第一章

你的格局决定你的人生结局

第二章

所有的规则都可以打破，所有的假设都可以推翻

第三章

所谓选手与高手，差的是格局与远见

第四章
一个人走得快，一群人才能走得远

第五章

只在大处争高下，不在小处较短长

第六章

高情商大格局，是高级的领导力

第七章

顺风时可以奔跑，逆风时却能飞翔

第一章

你的格局
决定你的人生结局

第一节 你的格局决定你的结局

你给自己的定位决定你的人生

富兰克林曾经说过："宝贝放错了地方便是废物。人生的诀窍就是找准人生定位，定位准确能发挥你的特长。经营自己的长处能使你的人生增值，而经营自己的短处会使你的人生贬值。"如果你到现在还没有给自己准确定位的话，那么你就应该抓紧时间，坐下来分析一下自己的特点，寻找真正适合自己的位置。只有坐在适合自己的位置上，你才能得心应手，在人生的舞台上游刃有余。

1929年，乔·吉拉德出生在美国一个贫民家庭。他从懂事起就开始擦皮鞋、做报童，然后又做过洗碗工、送货员、电炉装配工和住宅建筑承包商等。35岁以前，他只能算是一个失败者，朋友都弃他而去，他还欠了一身的外债，连妻子、孩子的生活都成了问题，同时他还患有严重的口吃，换了40多份工作仍然一事无成。为了养家糊口，他开始卖汽车，步入推销员的行列。

刚刚接触推销时，他反复对自己说："你认为自己行，就一定行。"他相信自己一定能做得到，以极大的专注和热情投入推销工作中，只要一碰到人，他就把名片递过去，不管是在街上还是在商店里。他抓住一切机会推销他的产品，同时也推销他自己。三年以后，他成为全世界最伟大的销售员。谁能想到，这样一个不被人看好，而且还背了一身债务、几乎走投无路的人，竟然能够在短短的三年内被吉尼斯世界纪录称为"世界上最伟大的推销员"。他至今还保持着销售昂贵产品的空前纪录——平均每天卖6辆汽车！他一直被欧美商界称为"能向任何人推销出任何商品"的传奇人物。

乔·吉拉德做过很多种工作，屡遭失败。最后，他把自己定位在做一名销售员上，他认为自己更适合、更胜任做这项工作。事实上也的确如此，有了这个正确的定位，他最终摆脱了失败的命运，步入了成功者的行列。

可以说，你给自己定位什么，你就是什么，定位能改变人生。你聪明睿智，才华横溢，卖力工作，创意十足，甚至好运连连——可是，如果你无法在创造过程中给自己准确定位，不知道自己的方向在哪里，一切都会徒劳无功。另外，定位的高低将决定你人生的格局。

一个乞丐站在一条繁华的大街上卖钥匙链，一名商人路过，向乞丐面前的杯子里投入几枚硬币，匆匆离去。过了一会儿，商人回来取钥匙链，对乞丐说："对不起，我忘了拿钥匙链，你我毕竟都是商人。"

一晃几年过去了，这位商人参加一次高级酒会，遇见了一位衣冠楚楚的老板向他敬酒致谢，说："我就是当初卖钥匙链的那个乞丐。"这位老板告诉商人，自己生活的改变，得益于商人的那句话。

在商人把乞丐看成商人的那一天，乞丐猛然意识到，自己不只是一个乞丐，更重要的是，还是一个商人。于是，他的生活目标发生了很大转变，他开始倒卖一些在市场上受欢迎的小商品，在积累了一些资金后，他买下一家杂货店。由于他善于经营，现在已经是一家超级市场的老板，并且开始考虑开几家连锁店。

这个故事告诉我们：你定位于乞丐，你就是乞丐；你定位于商人，你就是商人，不同的定位成就不同的人生。可以这么说，如果定位不准确，你的人生就会像大海里的轮船失去方向一样迷茫，有时甚至会发生南辕北辙的事；而准确的人生定位，不但能帮助你找到合适的道路，更能缩短你与成功的距离；而一个高的定位，就像一股强烈的助推力，能帮助你节节攀升，开创更大的人生格局。

现在如何选择，未来便如何发生

确立目标，是人生规划的重要乐章。如果你不想再平庸，就必须要有一个明确的追求目标，因为只有这样才能调动起自己的智慧和精力。

1953年，美国哈佛大学曾对当时的应届毕业生做过一次调查，询问他们是否对自己的未来有清晰明确的目标，以及达到目标的书面计划。结果，只有不到3%的学生给出了肯定的答复。20年后，研究者再次访问了当年接受调查的毕业生，结果发现那3%有明确目标及计划的学生，不论在事业成就、快乐及幸福程度上都高于其他人，更惊人的是，这3%的人的财富总和，居然大于另外97%的学生的财富总和，而这就是设定目标的力量。

目标是成功的基石，也是成功路上的里程碑。在目标的推动下，人能够被激励、鞭策，处于一种昂扬、激奋的状态，去积极进取、创造，向着美好的未来挺进。

美国成功学家拿破仑·希尔说："你过去或现在的情况并不重要，你将来想获得什么成就才最重要。除非你对未来有理想，否则做不出什么大事来。有了目标，内心的力量才会找到方向。"

可以说，一个人之所以伟大，首先在于他有一个伟大的目标。规划你的人生，确定目标是首要的战略问题。目标能够指导人生、规范人生，是成功的第一要义。目标之于事业，具有举足轻重的作用。忽视目标定位的人，或是始终确定不了目标的人，他们的努力就会事倍功半，难以达到理想的彼岸。

日常生活中，你一定会先确定目的地，并且带好地图，才会出远门。然而，100个人当中，大约只有两个人清楚自己一生要的是什么，并且有可行的计划达到目标，他们是没有虚度此生的成功者。一个一心向着自己目标前进的人，整个世界都会给他让路。如果你确定知道自己要什么，对自己的能力有绝对的信心，你就会成功。

刚毕业是人生的一个新阶段，校园生活的结束意味着社会生活的开始。这一阶段是规划人生的最好时期，只有明确未来的生活方向，才会让人生绚丽多姿。确定心中想要的生活，可以利用以下4个步骤，认清你的目标：

第一，把你最想要的东西用一句话清楚地写下来。当你得到你想要的事物时，你就成功了。

第二，写出明确的计划，如何达成这个目标。

第三，制订出完成既定目标明确的时间表。

第四，牢记你所写的东西，每天复述几遍。

遵照这四项步骤，很快，你会惊讶地发现，你的人生愈变愈好。

要记住，成功都是下定决心并且相信自己能做到的人，以切实的行动、谨慎的规划及不懈的努力拼搏奋斗而达到的结果。

起点低不要紧，有想法就有地位

不可否认，因为出生背景、受教育程度等各方面原因，每个人的起点难免有高低之分，但是起点高的人不一定能将高起点当作平台，走向更高的位置。起点低也不怕，心界决定一个人的世界，有想法才有地位。首先要渴望成功，才会有成功的机会。

《庄子》开篇的文章是"小大之辩"。说北方有大海，海中有一条叫作鲲的大鱼，宽几千里，没有人知道它有多长。又有一只鸟，叫作鹏。它的背像泰山，翅膀像天边的云，飞起来，乘风直上九万里的高空，超绝云气，背负青天，飞往南海。蝉和斑鸠讯笑说："我们愿意飞的时候就飞，碰到松树、檀树就停在上边；有时力气不够，飞不到树上，就落在地上，何必要高飞九万里，又何必飞到那遥远的南海呢？"

那些心中有着远大理想的人往往不能为常人所理解，就像目光短浅的麻雀无法理解大鹏鸟的鸿鹄之志，更无法想象大鹏鸟靠什么飞往遥远的南海。因而，像大鹏鸟这样的人必定要比常人忍受更多的艰难曲折，忍受更多的心灵上的寂寞与孤独。他们要更加坚强，并把这种坚强潜移到自己的远大志向中去，这就铸成了坚强的信念。这些信念熔铸而成的理想将带给大鹏一颗伟大的心灵，而成功者正脱胎于这种伟大的心灵。尤其是起点低的人，更需要一颗渴望成功的进取心。

"打工皇后"吴士宏是第一个成为跨国信息产业公司中国区总经理的内地人，也是唯一一个取得如此业绩的女性，她的传奇也在于她的起点之低——只有初中文凭和成人高考英语大专文凭。而她成功的秘诀就是"没有一点雄心壮志的人，是肯定成不了什么大事的"。

吴士宏年轻时命途多舛，还患过白血病。她仅仅凭着一台收音机，花了一年半时间学完了许国璋英语三年的课程，并且在自学的高考英语专科毕业前夕，她以对事业的无比热情和非凡的勇气通过外企服务公司成功应聘到 IBM 公司，而在此前外企服务公司向 IBM 推荐的好多人都没有被聘用。她的信念就是："绝不允许别人把我拦在任何门外！"

在 IBM 工作的最早的日子里，吴士宏沏茶倒水，打扫卫生。在那样一个高科技的工作环境中，由于学历低，她经常被无理非难。吴士宏暗暗发誓："这种日子不会久的，绝不允许别人把我拦在任何门外，有朝一日，我要去管理公司。"为此，她每天比别人多花 6 个小时用于工作和学习。经过艰辛的努力，吴士宏成为同一批聘用者中第一个做业务代表的人。继而，她又成为第一批本土经理，第一个 IBM 华南区的总经理。

在人才济济的 IBM，吴士宏算得上是起点最低的员工了，但她十分"敢"想，想要"管理别人"。而一个人一旦拥有进取心，即使是最微弱的进取心，也会像一颗种子，经过培育和扶植，它就会茁壮成长，开花结果。

我们应该承认，教育是促使人获得成功的捷径。但吴士宏只有初中文凭和成人高考英语大专文凭，却依然取得了成功。我们这里所指的教育是传统意义上的学校教育，你不妨就把它通俗而简单地理解为文凭。一纸文凭好比一块最有力的"敲门砖"，可能会有很多人质疑这一点，但是如果你知道人事部经理怎样处理成山的简历，你就会后悔当初没有上名牌大学了。他们会首先从学校中筛选，如果名牌大学应征者的其他条件都符合，他就不会再翻看其他的简历了。

但是，名牌大学就只有那么几所，独木桥实在难以通过。很多人在这一点上落后了不少，于是在真正踏上社会，走入职场时，就会有起点差异。不过值得庆幸的是，很多成功者都是从低起点开始做起的，他们之所以能在落后于人的情况下后来者居上，有进取心是不可忽略的一条。

上帝在所有生灵的耳边低语："努力向前。"如果你发现自己在拒绝这种来自内心的召唤、这种催你奋进的声音，那可要引起注意了。当这个来自内心、催你上进的声音回响在你耳边时，你要注意聆听它，它是你最好的朋友，将指引你走向光明和快乐，将指引你到达成功的彼岸。

第二节 贵在自知，才能成就不凡格局

了解自己，给梦想一个支点

现代人强调生涯规划，正是因为人生需要一个构想或蓝图。生涯规划不是事业规划，不是你要挣多少钱，要买多大的房，而是你怎样一步一步接近自己想要的生活。在人生的每一个阶段，要达到一种什么样的自我满足——这才是人生规划的真正内容和目的所在。要实现这个规划，首先要做的就是发掘自己的潜能，全面了解自己，正确定位自己，这个定位将是我们实现梦想的一个支点。

生活中有很多人抱怨工作不尽如人意、不遂心愿、没有成就感，这是一件很可惜的事情。因为他们没有在适当的位置上展现自己的才华，甚至还有些人根本就不知道自己适合做什么。找对了位置，才可以充分展现自己的才华，做出一番成就。找到自己的优势所在，给自己一个正确的定位，才能以此为基础实现自己的梦想，更好地经营自己的人生。

给自己一个定位首先要考虑的是自己的兴趣。有一句被人们说了无数次的话："兴趣是最好的老师。"荣膺"世界十大知名美容女士""国际美容教母"称号的香港蒙妮坦集团董事长郑明明就是一个找出自己兴趣所在，正确定位自己，从而走向成功的典范。

在印尼的华人圈子里，郑明明的父亲很有名望。郑明明读小学时，有一天父亲特地将香港作家依达的小说《蒙妮坦日记》推荐给她。这是依达的成名作品，描写了一个叫蒙妮坦的女孩子经过爱情、事业的挫折之后，最终实现自己梦想的故事。按照父亲的设想和愿望，女儿以后应该也是个"高级知识分子"。然而，从小就喜欢把自己打扮得漂漂亮亮的郑明明对美的事物更感兴趣。当她在街上看到印尼传统服装——纱笼布上那精美的手绘图案时，她就被艺术的无穷魔力深深吸引住了，被那些给生活带来美丽的手工艺人的精湛技艺感动了，从此她便萌发了从事美发事业的念头。

郑明明坚持要为自己负责，走自己想走的路。于是她瞒着父亲到了日本，在日本著名的山野爱子学校开始了美容美发的学习。那所学校里都是些富家女，大家每天的生活就是相互攀比，比谁衣服好看，谁打扮得漂亮等。但郑明明不是这样，因为她留学不是为了和她们攀比斗艳，况且她也没有多余的钱攀比。由于得不到父亲的支持，来到日本的她当时身上只有300美元，这些钱在交完学费、住宿费后就所剩无几。冬天的时候，她的同学都穿着各式各样的皮衣，而她只有一件破旧的黑大衣御寒。平时下了课，郑明明还要到美发厅打工。一是为了挣钱，二是为了学习人家的经验。在打工期间，她仔细观察每个师傅的技术、顾客的喜好、店铺的管理等以盘算自己未来的事业蓝图。

从日本的学校毕业以后，郑明明回到了香港，租了间店面成立了蒙妮坦美发美容学院。万事开头难，创业初期，她一人身兼数职，既是老板，也做工人；既迎宾，也要洗头。她坚信"时间就像海绵里的水，只要愿挤，总还是有的"，郑明明每天晚睡早起，至少工作11个小时。忙碌之余，她还有个雷打不动的习惯，就是到了晚上把白天顾客留的姓名、特征、发型等资料建成档案经常翻阅，便于下次和顾客沟通。

经历了很多磨难，郑明明终于成功了。她成立了一个又一个分店，从此，人们知道了蒙妮坦，也知道了郑明明。

如果郑明明按照父亲的意愿走上那条中规中矩的道路，凭借她的资质，说不定现在也会很成功，但是绝对不会比现在的她更辉煌。正因为她选择了自己感兴趣的道路，才会激发出自己的潜力，并甘愿付出更多的努力和坚持。

要找到自己的定位，必须首先了解自己的性格、脾气。在给自己定位时，有一条原则不能变，即，无论你做什么，都要选择自己最擅长的。只有找准自己最擅长的，才能最大限度地发挥自己的潜能，调动自己身上一切可以调动的积极因素，并把自己的优势发挥得淋漓尽致，从而获得成功。

踩着别人的脚印，永远找不到自己的方向

聪明的人不喜欢单纯地模仿别人，他们总是会发现新的机遇和领域，并抢先占领这一片领域。这个世界上充满了形形色色的追随者和模仿者，他们总是喜欢依照他人的足迹行走，沿着他人的思路思考。他们认为，走别人走过的路可让自己省心省力，是走向成功、创造卓越人生的一条捷径。岂不知，"模仿乃是死，创造才是生"。

对任何人来说，模仿都是极愚拙的事，它是成功的劲敌。它会使你的心灵枯竭，没有动力；它会阻碍你取得成功，干扰你进一步的发展，拉长你与成功的距离。

效仿他人的人，不论他所模仿的人多么伟大，他也绝不会成功。没有一个人能依靠模仿他人去成就伟大的事业。所以，要想成功就要找准自己的方向，找到自己的目标，不能走别人走过的路。

有一位雄心勃勃的商人，听说外地招商引资，就"顺应潮流"到该地投资了上千万元。两年之后，他把所有的钱都亏掉了，最后空手而归。

朋友问他："你当初为什么要到那里去投资？"他说："那时候，很多同行都争先恐后地去了，大家都认为那里的投资条件优越，大有发展前途。如果我不去的话，担心会失去发展的机会。"

例子里的商人陷入了一个怪圈：别人都去做了，我必须赶快跟上。有这样一种说法，同样的一条新路，走第一的是天才，走第二的是庸才，走第三的是蠢才。从中可见跟随者的悲哀。

成功只青睐主动寻找它的人。聪明的人都不随大流，眼光独到，另辟蹊径，在别人还"没睡醒"之前早已把赚来的钱塞进自己的口袋里了。

100多年前，德国犹太人李威·斯达斯随着淘金人流来到美国加州。他看见这里的淘金者人如潮涌，就想靠做生意赚这些淘金者的钱。他开了间专营淘金用品的杂货店，经营镢头和做帐篷用的帆布等。

一天，有位顾客对他说："我们淘金者每天不停地挖，裤子损坏特别快，如果有一种结实耐磨的布料做成的裤子，一定会很受欢迎的。"

李威抓住顾客的需求，把他做帐篷的帆布加工成短裤出售，果然畅销，采购者蜂拥而来，李威靠此发了笔大财。

首战告捷，李威马不停蹄，继续研制。他细心观察矿工的生活和工作特点，千方百计地改进和提高产品质量，设法满足消费者的需求。考虑到帮助矿工防止蚊虫叮咬，他将短裤改为长裤；又为了使裤袋不致在矿工把样品放进去时裂开，他特意将裤子臀部的口袋由缝制改为用金属钉钉牢；又在裤子的不同部位多加了两个口袋。这些点子都是在仔细观察淘金者的劳动和需求的过程中，不断地捕捉到并加以实施的，这些改进使产品日益受到淘金者的欢迎，销路日广。

李威还利用各种媒介大力宣传牛仔裤的美观、舒适，是最佳装束，甚至把它说成是一种牛仔裤文化，最终风靡全球。

走别人走过的路，将会迷失自己的方向，李威之所以能取得成功，就是因为他开拓了一条属于自己的路。

不论是工作上还是生活中，有不少人都太习惯于走别人走过的路，他们偏执地认为走大多数人走过的路不会错，但是，却往往忽略了最重要的事实，那就是，走别人没有走过的路往往更容易成功。

走别人没走过的路，虽然意味着你必须面对别人不曾面对的艰难险阻，吃别人没吃过的苦，但也唯有如此，你才能发现别人未曾发现的东西，到达别人无法企及的高度。

成功者之所以会取得惊人的成绩，正是由于他们不满足于走别人走过的路，而主动开发，想别人没想到的东西，也正是这一思路支持着他们一路走来，让自己跨越障碍直至成功。

正确的选择比一味努力重要

有一个非常勤奋的青年，很想在各个方面都比身边的人强。但是他经过多年的努力，仍然没有长进，他很苦恼，就向某位高僧请教。

大师叫来正在砍柴的 3 个弟子，嘱咐说："你们带这个施主到五里山，打一担自己认为最满意的木柴。"年轻人和 3 个弟子沿着门前湍急的江水，直奔五里山。

等到他们返回时，大师正在原地迎接他们。年轻人满头大汗、气喘吁吁地扛着两捆柴，蹒跚而来；两个弟子一前一后，前面的弟子用扁担左右各担4捆柴，后面的弟子轻松地跟着。正在这时，从江面驶来一个木筏，载着小弟子和8捆木柴，停在大师的面前。

年轻人和两个先到的弟子，你看看我，我看看你，沉默不语；唯独划木筏的小徒弟，与师父坦然相对。大师见状，问："怎么啦，你们对自己的表现不满意？""大师，让我们再砍一次吧！"那个年轻人请求说，"我一开始就砍了6捆，扛到半路，就扛不动了，扔了两捆；又走了一会儿，还是压得喘不过气，又扔掉两捆；最后，我就把这两捆扛回来了。可是，大师，我已经很努力了。"

"我和他恰恰相反，"那个大弟子说，"刚开始，我俩各砍两捆，将4捆柴一前一后挂在扁担上，跟着这个施主走。我和师弟轮换担柴，不但不觉得累，反倒觉得轻松了很多。最后，又把施主丢弃的柴挑了回来。"

划木筏的小弟子接过话，说："我个子矮，力气小，别说两捆，就是一捆，这么远的路也挑不回来，所以，我选择走水路……"

大师用赞赏的目光看着弟子们，微微颔首，然后走到年轻人面前，拍着他的肩膀，语重心长地说："一个人要走自己的路，本身没有错，关键是怎样走；走自己的路，让别人说，也没有错，关键是走的路是否正确。年轻人，你要永远记住：选择比努力更重要。"

毕业后迫于生存，我们选择了一份可以糊口的工作，但这份工作并不那么容易，努力了，但就是做不到最好。有的人会指责说你工作态度有问题，要真努力工作了，岂有做不好之理？其实，归根结底并不是这些人不够爱岗敬业，而是职业本身并不是最适合他们的。换言之，要想真正把一项工作做得得心应手，就要选择正确的人生目标。那么，原来选错了怎么办？不要犹豫，放弃它，去把握属于你的正确方向。

人生的悲剧不是无法实现自己的目标，而是不知道自己的目标是什么。成功不在于你身在何处，而在于你朝着哪个方向走，能否坚持下去。没有正确的目标就永远不会到达成功的彼岸。

有太多坚持到底的故事，让我们一直以为坚持就是好的，而放弃就是消极的思想。其实，现实往往不是这么简单，坚持代表一种顽强的毅力，它就像不断给汽车提供前进动力的发动机。但是，在前进的同时还需要一定的技巧，如果方向不对，只会越走越远，这时，只有先放弃，等找准方向再重新努力才是明智之举。

每个人都有梦想，人类因为拥有梦想而伟大，没有梦想的人是会被社会淘汰的。为了实现自己的梦想，我们每个人都在努力。现在的社会，努力很重要，但是努力就一定会有一个好结果吗？不见得，我们曾为工作绞尽脑汁，也曾为工作夜以继日，但我们得到的结果是什么呢？我们的梦想像肥皂泡一样一个个地破灭，直到现在依然两手空空。

21世纪的今天，选择比努力更重要，努力一定要放在选择之后。昨天的选择决定今天的结果，今天的选择决定明天的命运。选择不对，努力白费，你做出正确的选择了吗？

拒绝盲目，绝不不切实际

到了迁徙的季节，所有的鸟儿都要往南飞。

有一只鸟儿开始犯愁，它想："每次飞行我都落在后面，都被别人取笑。这次无论如何，我也不能落到最后一个。那样太没面子了！"

这只鸟儿想啊想，终于想出了一个好办法，它兴奋地对自己说："我可以在它们还没有起飞的时候自己先起飞，这样就不会落在后面了！"

为了抢先到达目的地，这只鸟儿就先于同伴起飞了，但它飞了一段路程就迷失了方向，只好落在一棵树上等同伴。可等了很久也没有等到同伴，它急了，又循着原路往回飞，结果却发现，其他的鸟儿都已经飞走了。

无奈之下，这只鸟儿只好再一次独自飞往南方。

让这只鸟儿沮丧的是，每次飞到半路就迷路了。

这个冬天，这只鸟儿没有飞到南方。

一场大雪降临，这只鸟儿冻死了。

求多求快原本是一件好事，但如果只追求快而不顾好，不从实际情况出发而盲目地追求数字，很可能就会演变成一场灾难。同样，一味求快不适用于对人生目标的追逐，虽然我们能够理解大多数人想早日达到目标的心情，但是盲目的快不能代表高效率，反而可能造成严重的负面影响。

如果目标超出了你的能力范围，与现实脱钩，就无法实现。

不立足于现实的目标，除了会浪费你的时间，加大你受挫折的风险以外，没有任何意义。

所以，盲目求快不能用在对人生目标的追逐中，好高骛远会害死人，只有脚踏实地，才能循序渐进，最终做出大的成就。

第三节 成功始于雄心

成功始于雄心

每个人都希望自己能做一个成功的人，或许你觉得自己已经足够优秀，可是为什么离成功还有一步之遥呢？那就是，你还缺一点追求成功的雄心。

李想，北京泡泡网信息技术有限公司首席执行官，身价过亿，2006年被评为"中国十大创业新锐"。他的泡泡网在2005年的纯利润达1000万元，市场价值达2亿元。

李想2000年创建泡泡网，2001年下半年将公司从石家庄转移到北京，2005年向汽车行业扩张，一系列的动作显得迅速而具有雄心。李想从不否认自己是个有雄心的人。在将事业重心转移到北京的过程中，他遇到了点麻烦：一是之前的个人网站让他赚了点钱，第二便是最初和自己创业的朋友中途退出。前者是利益相诱，短时间内吃穿不愁，继续前行还是安于现状？后者是遭受伙伴打击，失去左膀右臂，前进还有动力吗？思索再三，李想毅然选择继续为事业奋斗。他不相信自己仅仅能赚几万块钱，也不相信自己的事业就此完结。

来到北京，李想重整旗鼓，扛过短暂的危机，终于使泡泡网取得了巨大发展。

如果当初李想安于享受几万块钱的财富，将继续奋斗的念头抛到脑后，他就不会有现在的成绩。一个有雄心的人才有争取更大财富和成功的可能。我们不应被一时的利益迷住双眼，安于现状，停滞不前，这样只会让自己慢慢"堕落"，与成功无缘，失去已有的一切。

有一个叫李刚的人，他曾经在一家合资企业任首席财务官。在成为首席财务官之前，他非常卖命地工作，也取得了突出的成绩。老板非常赏识他，第一年就把他提拔为财务部经理，第二年提拔为首席财务官。

当上首席财务官后，拿着丰厚的薪水，驾着公司配备的专车，住着公司购买的豪宅，他的生活品质得到了很大的提升。然而，他的工作热情却一落千丈，他把更多的精力放在了享乐上。

当朋友问他还有什么追求时，他说："我应该满足了，在这家公司里，我已经到达自己能够到达的顶点了。"李刚认为公司的 CEO（Chief Executive Officer，首席执行官）是董事长的侄子，自己做 CEO 是不可能的，能够做到首席财务官就已经到达顶点了。

他做首席财务官差不多有一年的时间，却没有干出一点值得一提的业绩。朋友善意地提醒他："应该上进一点了，没有业绩是危险的。"

果不其然，几天后，他就被辞退了，丰厚的薪水没了，车子也归还给了公司。一切都是因为他的懒惰和缺乏雄心。

雄心是促使事业成功的动力。青年时期轻而易举地获得成功，如果就此心满意足，不思进取，最初的成功就会成为失败的源头。"10岁是神童，15岁是才子，但是20年之后，可能又成为平凡之人。"这句话，说透了其中的含义。

没有雄心的人，就好比没有上发条的钟表一样，要钟表走动，必须费些力气，亲自上紧发条。卡莱尔说："没有追求的人很快就会消沉。哪怕只有不足挂齿的追求也总比没有要好。"成功者都是永不知足的"野心家"，无论取得了怎样的成绩，心中总想着下一个。

大多数人不介意别人说自己"雄心勃勃"，却害怕被人指责为"野心勃勃"。生活中，许多极富潜力的人就是因为害怕被人说成是"野心家"而畏缩不前，不敢奋斗，不敢冒尖。任何事情要想做得出色，都是需要很强大的内心欲望的，没有雄心的人内心动力不足，往往只会成为人群中的平庸角色。

所以，大大方方地做个"野心家"吧——释放自己内心的欲望，大胆去追求，相信成功就在不远处与你相约！

成功者从来不拖延

萤火虫只有在飞的时候才会发光。同样，要成为一个成功者，必须行动起来，必须积极地努力，积极地奋斗。成功者从来不拖延，也不会等到"有朝一日"再去行动，而是今天就动手去干。他们

决定上限的
是你的格局和情商

忙忙碌碌尽其所能干了一天之后，第二天又接着去干，不断地努力、失败，直至成功。

你一定遇见过不少那种喜欢说"假若……我已经……"的人吧，他们总是喋喋不休地大谈特谈自己以前错过了某些成功的机遇，或者正在"打算"将来干一番什么事业。

这些总是谈论自己"可能已经办成什么事情"的人，不是进取者，也不是成功者，只是空谈家。正如某位实干家所说："假如说我的成功是在一夜之间得来的，那么，这一夜乃是无比漫长的历程。"

不要等待"时来运转"，也不要由于等不到而觉得恼火和委屈，要从小事做起，要用行动争取成功！

有一个人一直想到北京旅游，于是制订了一个旅行计划。他花了几个月阅读能找到的各种资料——关于北京的艺术、历史、哲学、文化。他研究了北京地图，预订了飞机票，并制订了详细的日程表。他标出要去观光的每一个地点，甚至连每个小时去哪里都定好了。

有个朋友知道他对这次旅游的安排，到他家做客时问他："北京怎么样？"

"我想，"这人回答，"北京是不错的，可我没去。"

朋友惊讶地问道："什么？你花了那么多时间做准备，出什么事了吗？"

"我是喜欢制订旅行计划，但我不愿坐飞机，受不了，所以待在家里没去。"

冥思苦想、谋划如何有所成就都不能代替实践。没有行动的人只是在做白日梦，正如上述例子里的人一样。

"先投入战斗，然后再见分晓。"拿破仑如是说。只有行动起来，才能够获得成功；只有行动起来，才能挣脱舆论的枷锁，因为"这个世界上爱唱反调的人真是太多了，他们随时随地都可能列举出千条理由，说你的理想不可能实现。你一定要坚定立场，相信自己的能力，努力实现自己的理想"。

但丁在《神曲》中描述自己在其导师——古罗马诗人维吉尔的引导下，游历了惨烈的九层地狱后来到炼狱，听到一个魂灵在呼喊他，他便转过身去看。这时，导师维吉尔这样告诉他："为什么你的精神分散？为什么你的脚步放慢？人家的窃窃私语与你何干？走你的路，让人们去说吧！要像一座卓立的塔，绝不因暴风雨而倾斜。"只要你认准了路，确立好人生的目标，就要永不回头。向着目标，勇敢迈出步伐，相信你一定会到达成功的彼岸。

第二章

所有的规则都可以打破，
所有的假设都可以推翻

第一节 转换思维，突破人生瓶颈

生活不能被安排，又何必按常理出牌

在规则之下，人们往往会形成一种思维定式。如果想要有所创新与突破，就必须首先打破这些既定的规则。艺术大师毕加索曾说过："创造之前必须先破坏。"小说家、戏剧家契诃夫也曾说："人们厌烦了寂静，就希望来一场暴风雨；厌烦了规规矩矩、气度庄严地坐着，就希望闹出点乱子来。"创新作为一种最灵动的精神活动，最忌讳的就是教条。任何形式的清规戒律，都会束缚其手脚。只有敢于打破常规、标新立异的人，才能真正有所作为，才能敞开胸怀拥抱成功。

要想成功，就必须敢于标新立异，推陈出新。在这里，美国商界奇才尤伯罗为我们做出了很好的榜样。

1984年以前的奥运会主办国，几乎是"指定"的。对举办国而言，能举办奥运会，自然是国家民族的荣誉，还可以趁机宣传本国形象，但是以新场馆建设为主的大规模硬件软件投入，又将使政府负担巨大的财政赤字。1976年，加拿大主办蒙特利尔奥运会，亏损10亿美元，当时预计这一巨额债务到2003年才能还清；

决定上限的
是你的格局和情商

1980 年，莫斯科奥运会总支出达 90 亿美元，具体债务更是一个天文数字。赔本已成奥运定律。

鉴于其他国家举办奥运会的亏损情况，洛杉矶市政府在得到主办权后即做出一项史无前例的决议：第 23 届奥运会不动用任何公用基金，开创了民办奥运会的先河。

尤伯罗接手筹划举办奥运会的工作之后，发现组委会竟连一家皮包公司都不如，没有秘书，没有电话，没有办公室，甚至连一个账号都没有，一切都得从零开始。尤伯罗咬牙以 1060 万美元的价格将自己旅游公司的股份卖掉，开始招募工作人员，把奥运会商业化，进行市场运作。

第一步，开源节流。

尤伯罗认为，自 1932 年洛杉矶奥运会以来，规模大、虚浮、奢华和浪费成为奥运时尚。他决定想尽一切办法节省不必要的开支。首先，他本人以身作则不领薪水，在这种精神的感召下，有数万名工作人员甘当义工；其次，沿用洛杉矶现成的体育场；最后，把当地的 3 所大学宿舍用作奥运村。仅后两项措施就节约了数十亿美元。

第二步，举行声势浩大的"圣火传递"活动。

奥运圣火在希腊点燃后，在美国举行横贯美国本土的 1.5 万公里圣火接力跑。用捐款的办法，谁出钱谁就可以举着火炬跑上一程。全程圣火传递权以每公里 3000 美元出售，1.5 万公里共售得 4500 万美元。尤伯罗实际上是在卖百年奥运的历史、荣誉等巨大的无形资产。

第三步，别具一格的融资、盈利模式。

尤伯罗创造了别具一格的融资和盈利模式，让奥运会为主办方带来了滚滚财源。尤伯罗出人意料地提出，赞助商赞助金额不得低于 500 万美元，而且不许在场地内包括其空中做商业广告，这些苛刻的条件反而刺激了赞助商的热情。尤伯罗最终从 150 家赞助商中选定 30 家，此举共筹到资金 1.17 亿美元。

最大的收益来自独家电视转播权的转让。对此，尤伯罗采取美国三大电视网竞投的方式，结果，美国广播公司以 2.25 亿美元夺得电视转播权。接着，尤伯罗打破奥运会广播电台免费转播比赛的惯例，以 7000 万美元把广播转播权卖给了美国、欧洲及澳大利亚的广播公司。

第四步，出售与本届奥运会相关的吉祥物和纪念品。

尤伯罗联合一些商家，发行了一些以本届奥运会吉祥物山姆鹰为主要标志的纪念品。

通过这四步卓有成效的市场运作，第 23 届奥运会总支出 5.1 亿美元，盈利 2.5 亿美元，是原计划盈利额的 10 倍。尤伯罗本人也得到 47.5 万美元的红利。在闭幕式上，时任国际奥委会主席的萨马兰奇向尤伯罗颁发了一枚特别的金牌，报界称此为"本届奥运最大的一枚金牌"。

墨守人们习以为常的规则，虽然平稳却少了几分发展的激情与冲动，不妨打破常规、不按常理出牌，反而会有意想不到的惊喜降临。

　　学会适当变通，让对手永远猜不透我们在想什么，永远跟不上我们的节奏，就更容易获得成功。

不要对世界习以为常

　　"为什么花儿会有不同的颜色？"

　　"为什么其他的鸟儿会飞，而鸵鸟不会？"

　　"为什么我们看得见月亮时就看不见太阳？"

　　……

　　回忆一下，你从什么时候开始对诸如此类的问题不再好奇了？当你从孩子成长为大人，你收获了成熟，同时却可能丧失了好奇心，而对世界上所有的事物都感到习以为常，这并不是一个好的现象。

　　好奇心是学习的最佳动力。在我们小时候，由于对太多事情感到好奇，所以学到了各种各样的东西。当我们成年后，或是因为自认为无所不知，或是怕别人嘲笑，我们把好奇心渐渐地扼杀了，也因此待在一个地方停滞不前了。

　　不能忽略平日里的一些奇思怪想，这中间往往蕴藏着不可预测的潜能。有学者在研究优秀学生的学习动力时，发现所有的动力都源自对知识的新鲜感，即好奇心，好奇心是人类获得智慧的关键。

　　在20世纪最畅销的哲学入门书《苏菲的世界》中，苏菲的数学老师在他的函授课程里写过这样一段话："婴儿有好奇心，这并不令人意外。在娘胎里短短几个月后，他们便掉进一个崭新的世界。不过当他们慢慢成长时，这种好奇心似乎也在逐渐减少。为什么？你知道答案吗，苏菲？"《苏菲的世界》让我们假设，如果一个初生的婴儿会说话，他可能会说他来到的世界是多么奇特。因为，我们可以看到他如何左顾右盼并好奇地伸手想碰触他身边的每一样东西。

著名教育家陈鹤琴曾说过："好奇心是小孩子得着知识一个最紧要的门径。"

强烈的好奇心使人产生学习的兴趣，也是人类敢于探索新知、敢于创新的动力。

150年前，一个满脸稚气的5岁男孩坐在鸡窝里，一分钟，两分钟……额头已经冒出了细微的汗珠，可他仍旧一动不动，因为他好奇，为什么他家的母鸡能孵出小鸡而他却不能？这个小男孩就是世界最伟大的发明家爱迪生。可有谁会想到爱迪生上学才三个月就被老师以"笨"为由赶出了校门。

无独有偶，若干年后，一个身材并不高大的老人站在一座喷泉前，仔细地观察落下的水幕，他神情专注地从水幕的这边瞧到那边，然后摊开双手，以极快的速度上下摆动，突然，连成一片的水帘似乎变成了一个个小小的水珠，几分钟过去了，他仍在默默地摆着他的手指，忘情地演示着物理学上被称为"滤波作用"的现象，周边围满了看热闹的人，他却视而不见。他就是被称为"科

决定上限的
是你的格局和情商

学之父"的爱因斯坦。

两位科学家的发明都源于他们的好奇心。每个人从出生起就迫切地想要了解和探索自己身边的这个世界。年龄越小的人越爱问为什么，他们拥有可贵的好奇心，正是这种可贵的品质造就了人类科学史上那些伟大的科学家和探险家。

无论你的年龄有多大，都请用一种全新的，像婴儿一样的眼光看世界，这样，你将发现这世界上许许多多未知而有趣的事情。我们不应该对不了解的事情持习以为常的态度，要学会提出疑问并努力探索。当然，这样做的前提是我们必须有好奇心。

每个人都有好奇心，它是与生俱来的，但也是极易丧失的。别让成长和习惯将你的好奇心扼杀，更应该尽力保持自己探索未知世界的好奇心，那样才能永远对生命保有一种新鲜、惊叹的感觉，才能不断激发自身的创造力。

打破"盆栽人生"，舒展人生格局

相信很多人都会遇到这种情况，准备接受一种新潮的观点时，脑海中忽然跑出旧观念，接着新观点就被否定了；或者准备做一件从未做过的事情时，比如独自一人去旅游，但这时身边的朋友纷纷质疑："你从来没单独出过远门，会不会迷路呢""没有人照应会不会出事啊"等，结果旅游的计划就搁浅了……这样的情况很常见，往往是在你想进行一个与往常不同的计划时，被人质疑，继而自我否定，结果被局限在以往的格局里，无所作为。

旧格局是成功的大敌，如果一个人被拘囿在旧格局里，他就难免思维保守，盲目排外，缺乏创新意识、危机意识，对新知识、新思想、新观念的接受变慢，对新事物缺乏应有的热情和主动的态度。

若想取得长足的进步，就一定要开放自我，打破限制自己发展的旧格局，创造新格局。

舒展新格局，需要我们注意以下几个关键因素：

1. 心态决定命运

心态决定事业的成败，心态决定人生的状态。所以，好心态才能有好格局，好格局才能有好命运。

2. 志当存高远

有一句话这样说："取乎上，得其中；取乎中，得其下。"就是说，假如目标定得很高，取乎上，至少也会得其中；而当你把目标定得很一般，很容易完成，取乎中，就只能得其下了。由此，我们不妨把目标定得高一些，因为愿景所产生的力量更容易让人在每天清晨醒来时，不再迷恋自己的床榻，而是抱着十足的信心和动力去迎接新的挑战。

3. 大处着眼，不贪一时之利

金钱财富、功名利禄都是身外之物，生不带来，死不带去。贪得太多，只会失去更多，适可而止，知足才能常乐！

4. 人生当进退自如

大丈夫应当能屈能伸。屈于当屈之时，是一种人生的智慧；

伸于当伸之时，同样是一种人生的智慧。屈，是隐匿自我，是为了保存力量，是暂时处于人生的低谷；伸，是发扬自我，是为了光大力量，是为了攀登人生巅峰。只有能屈能伸的人生，才是完满而丰富的人生。

5. 宽容豁达，厚德载物

"大肚能容，容天下难容之事；慈颜常笑，笑世间可笑之人。"管子云："海不辞水，故能成其大；山不辞石，故能成其高；明主不厌人，故能成其众。"但凡成功的人，都有一种博大的胸怀。古往今来，许多事实也证明了一个真理：宽容才能成就伟大。

6. 置之死地而后生

置之死地而后生是一种胆略，是一种气势，也是一种魄力。破釜沉舟，绝处求生，这样的人生才算极致精彩！

在许多大师所指示的成功法则中，敞开自己的心门，去接受各式各样的信息和评价，是极重要的一环。切莫因为自己的浅薄和慵懒，而不接受许多深奥、开阔的智慧，坐井观天，绝非积极追求卓越人生的人所该有的态度。破除旧格局的拘囿，我们才能迎来新格局的异彩纷呈。

格局是引领风骚的精髓，是决胜千里的韬略。不应哀叹时运不济而虚度此生，应昂起不屈的头颅，打破旧格局，拼搏一番！

第二节 懂得变通，不通亦通

最短的路未必最快，成功有时需要绕道而行

一个乘客着急赶飞机，他跳上出租车朝司机大喊："快，飞机场！"司机平静地回头看看他："先生，您是要走最近的路还是最快的路？"乘客被弄糊涂了："最近的路不就是最快的路吗？"司机摇摇头："不，最近的是直路，但常常会堵车，绕弯的路虽然远，却可以最快到达飞机场！"

世间的路分为直路和弯路两种，毫无疑问，人们都愿意走直路，因为直路平坦，离目标又近；相反，没有人愿意去走弯路，因为弯路曲折艰险。

两点之间直线最短，这仿佛是颠扑不破的真理，但是直线道路却不一定是能最快达到目标的路。正如英国军事家哈利曾说过："在战略上，漫长的迂回道路，常常是达到目的最短的途径。"同理，"直线"般说话、做事的方式也值得进一步推敲，有时候变直为曲、绕道而行反而能带来预期之外的积极作用。

人生如攀登，为了登上山顶，需要避开悬崖，避开峭壁，迂回前进，这样看似乎与原来的目标背道而行，可最后仍然能通向

决定上限的
是你的格局和情商

山顶，而且还能节省许多时间。

绕路而行通常对解决思路堵塞问题很有效。比如，当你用一种方法思考问题或做事时，思路被堵塞，不妨另用他法，换个角度去思索，换种方法去做，也许就会"山重水复疑无路，柳暗花明又一村"了。

欧辉上大学时，爱上了一个堪称校花的美丽女生。但他知道自己各方面都平平常常，他的想法一旦公布出来，肯定所有的人都会说他是癞蛤蟆想吃天鹅肉。更何况，他也知道校花身边围绕着很多帅哥才子，他如果以同样的方式加入追求者的队伍，肯定不能成功，反而还可能被嘲笑。

欧辉冥思苦想，最后想到了"绕道而行"。他打听到这位校花特爱弹钢琴，而他恰好有一点钢琴基础。于是，他不分白天黑夜苦练钢琴，并且在一年后的全校钢琴比赛中夺冠，被誉为"校园钢琴王子"。在他夺冠的第二天，校花就主动来找他，要向他学习钢琴。下面的事情就顺利多了，日久生情，校花毕业后就成了他的妻子。

一个聪明的人，懂得承认敌人的优势，认清自己的劣势，然后避开对方的锋芒，从另一个角度突袭，绕道达到目标。这种战术看起来似乎少了点"速战速决"的味道，但却是最行之有效的。所以，当我们分析了所面临的困难，发现用常规方法无法解决时，不妨绕开它，寻找别的路。

当我们在生活中遇到无路可走的情况时，只要回过头，绕道而行便可以找到一条新路。所以世上没有绝路，而我们之所以会经常面对"绝路"，那是因为我们自己把路给走绝了，或者说我们的思路过于狭隘，缺乏"绕道"的意识。

懂得绕道而行的人，往往是最先到达目的地的人。因为他们善于想人所未想，做人所未做，在人们的眼力之外，看到另外一条路。这种高度智慧的做法，并不是随大流做人做事的人所能做到的。

木秀于林，风可助之

古语说："木秀于林，风必摧之。"指的是高出森林的大树总是要先被大风吹倒。比喻才能或品行出众的人，容易遭受嫉妒、指责。但是，仔细想一想，这句话还是有些问题的。对于大多数人来说，是依靠自己的实力生存、获得发展的，如果一味地埋没自己，不愿意展示自己的话，又怎能获得"伯乐"的赏识，怎能让他们信任我们，给我们提供条件去发展事业呢？

因此，适当地秀出自己，展现自身优于别人的能力，但不过分张扬，不仅不会招来太多人的嫉妒，反而更容易让别人佩服、让"伯乐"赏识。所以，我们应该说木秀于林，风可助之。

毛遂在平原君门下已经三年了，一直默默无闻，总得不到施展才能的机会。

一次，秦国大举进攻赵国，将赵国都城邯郸团团围住，情况十分危急，赵王只好派平原君向楚国求救。

平原君临行之前，决定从他的千余名门客中挑选出 20 名能文善武、足智多谋的人随同前往。他挑来挑去最终只有 19 人合乎条件，还差一人却怎么也挑不到满意的。

这时，毛遂主动站出来说："我愿随平原君前往楚国，哪怕是凑个数！"

平原君一看，是平常不曾注意的毛遂，不以为然，就婉转地说："你到我门下已经三年了，从未听到有人在我面前称赞过你，可见你并无什么过人之处。一个有才能的人在世上，就好像锥子装在口袋里，锥子尖很快就会穿破口袋钻出来，人们很快就能发现他。而你一直未能显示你的本事，我怎么能够带上没有本事的人同我去楚国完成如此重大的使命呢？"

毛遂并不生气，他心平气和地据理力争："您说得并不全对。我之所以没有像锥子一样从口袋里钻出来，是因为我从来就没有像锥子一样被放进您的口袋里呀。如果您早就将我这把锥子放进口袋，我敢说，我不仅是锥尖子钻出口袋，还会连整个锥子都像麦芒一样全部露出来。"

平原君觉得毛遂说得很有道理且气度不凡，便答应毛遂作为自己的随从，连夜赶往楚国。

到达楚国，已是早晨。平原君立即拜见楚王，跟他商讨出兵救赵的事情。

这次商谈很不顺利，从早上一直谈到中午，还没有一丝进展。面对这种情况，随同前往的 20 个人中有 19 个只知道干着急，在台下直跺脚、摇头、埋怨。唯有毛遂，眼看时间不等人，机会不可错过，只见他一手提剑，大踏步跨到台上，面对盛气凌人的楚王，毛遂毫不胆怯。他两眼逼视着楚王，慷慨陈词，申明大义，他从赵楚两国的关系谈到救援赵国的意义，对楚王晓之以理、动之以情。他的凛然正气使楚王惊叹佩服，他对两国利害关系的分析深深打动了楚王的心。楚王终于被说服了，当天下午便与平原君缔结盟约。很快，楚王便派军队支援赵国，赵国才得以解围。

事后，平原君深感愧疚地说："毛遂原来真是个了不起的人啊！他的三寸不烂之舌，真抵得过百万大军呀！可是以前我竟没发现他。若不是毛先生挺身而出，我可要埋没一个人才呢！"

如果当初毛遂一直遵循"木秀于林，风必摧之"的道理，那也不会站出来表现自己了。如果当初毛遂不自荐的话，或许他可能一直是一个得不到重用的"小职员"。所以，适当地表现自己是必要的，只要不过头就好。

美国著名演讲口才艺术家卡耐基说："你应庆幸自己是世上独一无二的，应该把自己的禀赋发挥出来。"一个人要想获得成功，就必须善于表现自己。一个有才干的人能不能得到重用，很大程度上取决于他能否在适当的场合展现自己的本领，让他人全面认识自己。如果你身怀绝技，但藏而不露，他人就无法了解，到头来也只能是空怀壮志、怀才不遇。而那些善于表现自我的人总是不甘寂寞，寻找机会表现自己，让更多的人认识自己，让"伯乐"选择自己，使自己的才干得到充分发挥。

在竞争激烈的今天，展现自身能力，主动推销自己，才有助于自己的发展。

掌握自己的生活胜过随波逐流

从前，有一个乞丐，饥肠辘辘，乞讨了一天也没有什么收获。这时候，他看见前面有一个庭院，他习惯性地推开门走了进去。

一位年轻的少妇出来了，她看着这个可怜的乞丐，他的左手连同整个手臂都没有了，空空的袖子晃荡着，让人看了很难过，碰上谁都会情不自禁地施舍一点东西的，可是少妇毫不客气地指着门前的一堆砖对乞丐说："你帮我把这堆砖搬到屋后去吧。"

乞丐从未见过这种招待方式，本来他已经饿了，还要让他搬东西，于是他生气地说："你没看见吗？我只剩下一只手了，你还忍心叫我搬砖。不给就不给，为什么还要和我开玩笑？"

少妇听了乞丐的话，并没有回敬，她俯下身，故意只用一只手搬了一趟说："你看，并不是非要两只手才能干活。这样的活我都能干，何况你还是一个男人！"

乞丐怔住了，他用异样的目光看着妇人，终于，他也俯下身子，用他那唯一的右手搬起砖来。由于一次只能搬两块，他整整搬了两个小时，累得满头大汗，脸上本来就不干净，这一下变得更脏了，几绺乱发被汗水浸湿了，散乱地贴在额头上。

少妇转身进了屋子，拿来了一条雪白的毛巾。乞丐接过少妇的毛巾，很仔细地把脸和脖子擦了一遍，白毛巾变成了黑毛巾。

少妇从钱夹里掏出20元钱递给乞丐。乞丐接过钱，很感激地说："谢谢你。"

"不用谢我，这是你自己凭力气挣的工钱。"

"无论如何还要谢谢你，因为是你让我做了一回有人格的自己。这条毛巾也留给我作纪念吧。"乞丐说完，向少妇深深地鞠了一躬，头也不回地走了。

很多年后，少妇的门前开来了一辆小汽车，车上走下一个西装革履、气度不凡的男人。他一脸的自信，然而美中不足的是，这人只有一只右手，左臂的位置空空荡荡的，他走到出门迎接的少妇跟前，恭恭敬敬地说："我就是曾经为你搬过砖的乞丐。现在，我有了自己的公司，这很大一部分是你的功劳！我是专程向你致谢的。正是由于您的启发，我才从颓废中走出来，我才明白人的命运要由自己去掌控和设计，不然，就只能任人摆布！"

如果案例中那个乞丐一直不想着改变，一直只想着做乞丐，那他就将在乞讨中过一辈子。只有在心中想着要掌控自己的生活，并设计出自己的生活方式，才有可能改变自己的生涯。

无论你是否有远大的志向，你生活在这个社会里，就必须有一个属于自己的人生，这是非常重要的。

试想一下，如果一个20多岁的年轻人，表现得却像一个六七十岁的老头，别人一定会说：这个人年纪轻轻，怎么整天都垂头丧气的，一点精神也没有。反之，若是活到40多岁，有妻有子，却还喝酒胡闹，别人也许会说：这个人一点也不成熟，虽然已是这么大的人，却还做这种无聊的事情。如果你总是没有活力，不知道在想些什么，不积极进取，这种人生，绝不算是幸福的，更不能算是成功的。

相反，如果你积极向上、做事热心，同时有远大理想，这样的人生才算得上是成功的。

设计幸福人生是一项艰苦而持久的工程，第一步就是要创建自己的生活方式和改变旧日的自我，重创一种全新的工作和生活方式。

若想真正掌握自己的生活，掌握自己的人生，首先必须设计出一套适合自己的生活方式，掌控自己的生活，而不能随波逐流、得过且过，那样，最后只会被社会淘汰。

有一种智慧叫放弃

什么是最好的呢？其实，这个世界上根本就没有最好的，只有合适的。生活中，很多人一直在追逐某种东西，却从不去考虑自己追求的是不是适合自己的。

人们常说善始善终，可是很多情况下，这并非一种值得称道的精神。一生当中，我们总会面临许多选择，比如选择专业方向、工作单位、生活伴侣等，要知道，只有适合自己的才是最好的。每个人都具有与众不同的才能，当你发现自己不适合这个领域的时候，应该及时抽身，去寻找另一片更适合自己的天空。相信这样你的未来会更精彩！

她曾是华盛顿最有权力的女人，她曾经喜欢弹奏钢琴。她是苏联和东欧问题的专家，她常常陶醉在滑冰场的舞池里。她曾是白宫的当家花旦，她也是一个彻底的体育发烧友。

她在音乐方面的天赋和他人难以企及的家学，似乎没有人能够否认。她从小就跟着当小学音乐教师的母亲弹钢琴，4岁时就开了第一场独奏音乐会。她不但学习成绩极其优秀，跳了两次级，而且把网球和花样滑冰玩得特别出色。16岁时，她进入丹佛大学音乐学院学习钢琴，梦想成为职业钢琴家。

梦想是人生的羽翼，梦想是成功的酵母，人生因梦想而绚丽多姿。在梦想之灯的温暖吸引下，在优越天赋的滋生下，大家都相信过不了几年她就会实现音乐梦想。

可是，出人意料的是，她打起了"退堂鼓"，开始了崭新梦想的破冰之旅。原来，在著名的阿斯本音乐节上，她受到了打击。"我碰到了一些11岁的孩子，他只看一眼就能演奏那些我要练一年才能弹好的曲子，"她说，"我想我不可能有在卡内基大厅演奏的那一天了。"于是，她开始重新设计自己的未来，并发现了新的目标——国际政治。

"这一课程拨动了我的心弦，"她说，"这就像恋爱一样……我无法解释，但它的确吸引着我。"她从此转而学习政治学和俄语，并找到了自己一生追求的事业。

这个女孩名叫康多莉扎·赖斯，1954年11月14日出生在美国。2005年1月，她被提名接替辞职的国务卿鲍威尔，她被媒体称为华盛顿"最有权力的女人"。美国《福布斯》杂志评出世界100位影响力最大的女性，赖斯名列榜首。

执着于人生的梦想，是一种勇气、一种智慧和一种积极的人生态度。但是，埋葬旧的梦想，告别旧的自我，孕育新的梦想，追逐新的自我，需要更大的勇气和智慧，甚至需要壮士断腕般的魄力。人生可贵的"退堂鼓"，不是消极地退缩，而是积极地突围。也许，从小在父母的逼迫下，你不得不去学习绘画、钢琴等。但是，如果几年的坚持之后，你的技艺毫无长进，那么你就需要问一下自己到底适不适合。有时不敢轻言放弃，只是因为对自己的优点和缺点的坐标茫然无知，只得无助地固守。

"失之东隅，收之桑榆"，一个领域的失败，有可能会衍生出其他方面的成功。每个人都有自己独特的才能，但谁都不可能做到面面俱到。

不要选择了一个方向就"一条路走到黑"，在前进的同时，也要看看自己是不是真的适合这份工作。如果不适合，一定要及时抽身。

第三节 极限都是用来打破的

"专家意见"是参考，不是镣铐

所谓"权威"是指在某种范围之内有威信、有地位或者具有使人信服力量的人。我们需要尊敬权威的力量，因为他们的意见在大多数情况下都是对的。但权威也只是大多数时候对，而不是永远对，一味顶礼膜拜，就会成为你的负担，你的双眼就会被盲从遮蔽。不要丢失自己的看法和信心，面对权威的失误要敢于坚持自己的意见。

泰戈尔曾经说过："除非心灵从偏见的奴役下解脱出来，否则心灵就不能从正确的观点来看生活，或真正了解人性。"而一个人最致命的偏见莫过于认为权威们无论何时何地都是正确的。

这种偏见往往会葬送一个人的一生。俄国作家契诃夫说得好："有大狗，也有小狗，小狗不该因为大狗的存在而心慌意乱。所有的狗都应当叫，就让它们各自用自己的声音叫好了。"

伽利略是17世纪意大利伟大的科学家。那个时候，研究科学的人都信奉亚里士多德的见解和观点，谁要是怀疑亚里士多德，人们就会责备他："你是什么意思？难道要违背人类的真理吗？"

决定上限的
是你的格局和情商

亚里士多德曾经说过:"两个铁球,一个10磅重,一个1磅重,同时从高处落下来,10磅重的一定先着地,速度是1磅重的10倍。"伽利略对这句话表示怀疑,他想:如果这句话是正确的,那么把这两个铁球拴在一起,落得慢的就会拖住落得快的,落下的速度应当比原来10磅重的铁球慢;如把两球看作一个整体,就有11磅重,落下的速度应当比原来10磅重的铁球快。有了这个设想,伽利略着手做试验,证明亚里士多德的结论是靠不住的,并得出了两个铁球同时着地的正确结论。

在尊重权威,坚持权威寻求真理方式的同时,一定要有自己的主见,否则我们可能会与成功失之交臂。

世界著名交响乐指挥家小泽征尔在一次欧洲指挥家大赛的决赛中,按照评委会给他的乐谱指挥演奏时,发现有不和谐的地方。他认为是乐队演奏错了,就停下来重新演奏,但仍不如意。这时,在场的作曲家和评委会的权威人士都郑重地说明乐谱没有问题,是小泽征尔的错觉。面对着一批音乐大师和权威人士,他思考再三,突然大吼一声:"不,一定是乐谱错了!"话音刚落,评判台上立刻响起了热烈的掌声。

原来,这是评委们精心设计的考验,以此来检验指挥家们在发现乐谱错误并遭到权威人士"否定"的情况下,能否坚持自己的正确判断。前两位参赛者虽然也发现了问题,但终因屈服于权威而遭淘汰,小泽征尔则不然。因此,小泽征尔在这次世界音乐指挥家大赛中摘取了桂冠。

权威的存在，可以成为探索实践的一种促进，因为"权威认定"毕竟有它的可信价值；但有时候，权威的存在也可能会成为探求的阻碍，因为权威毕竟不是真理。"吾爱吾师，吾更爱真理。"杰出人士们在继承前人的基础上，总是抱着怀疑一切的态度，在实践中坚守着正确的事物。

在遭遇困难时，不要拿权威的失败作借口而放弃自己的探索。切不可看了巨著《红楼梦》，就停止在文坛上的耕耘；或看了马拉多纳踢球，便放弃绿茵场上的梦想；或听过帕瓦罗蒂的歌声，便扼杀自己的音乐天分。如果总是活在权威的阴影下，总觉得自己技不如人，那么世界上就再也不会出现像曹雪芹、帕瓦罗蒂、马拉多纳这样的人物了。

事业是做出来，不是"跳"出来的

做同样一件事，不同的人，追求是不一样的。跳槽也是如此，有的人选择跳槽只是希望新工作比现在的工作薪水高些，工作环境好些，但是有的人是想在跳槽的过程中成就一番事业。对于想把跳槽当跳板实现事业理想的人，劝你停止你"跳"的脚步。因为你还没有把你的工作当成事业来做，你没有在其中投入心力和激情，所以无论怎样换工作，你的工作就只是工作而已，你干不了理想中的"大事业"。

20几岁的时候，还没有确定自己适合做什么，多换几份工作，多积累一些经验是很重要的。在职场中，每个人都明白"此处不

决定上限的
是你的格局和情商

留人，自有留人处"的道理，跳槽已成为一件很平常的事。但并非在任何时候跳槽都是一件有益的事，有时跳槽就会变成一种风险。

如果跳槽有时会是一种风险，那我们如何判断呢？我们可以运用博弈的原理，判断跳槽对自己是否有利。

日本的"经营之神"松下幸之助是世界闻名的成功企业家，他的经营哲学是：把职业当成自己毕生为之奋斗的事业，日积月累，用心做好每一天的事。

松下幸之助常说，他之所以成功，是因为他从内心把自己的职业当成事业。他指出："我并没有那么长远的规划。只是珍视每一个日日夜夜，做好每一项工作，这是今日能辉煌的秘诀。当年，我仿佛并没有要建一座大工厂的远大规划。创业初期，一天的营业额仅一日元，后来又期盼一天有两日元，达到两日元又渴望三日元，如此而已，我只不过是努力地做好每一天的工作。"他在一次演讲中还说道："迄今为止，每遇到难题的时候，我都扪心自问，自己是否以生命为赌注全力对待这项工作？当我感到非常烦恼时，往往是因为没有全身心地投入工作。由此我便洗心革面，全力向困难挑战。有了勇气，困难便不成其为困难了。"

对于员工来说，跳槽存在择业成本和风险。新单位是否有发展前景，到新单位后是否有足够的发展空间，新单位增长的薪酬部分是否能弥补原来的同事情缘，在跳槽过程中，员工必须考虑到这些因素。这只是员工一次跳槽的博弈，从一生来看，一个人要换多家单位，尤其是年轻人跳槽更为频繁。将一个员工一生中多次分散的跳槽博弈组合在一起，就构成了多阶段持续的跳槽博弈。

正所谓行动可以传递信息。实际上，员工每跳一次槽就会给下一个雇主提供自己正面或负面的信息，比如：跳槽过于频繁的员工会让人觉得不够忠诚，以往职位一路看涨的员工会给人有发展潜力的感觉，长期徘徊于小单位的员工会让人觉得缺乏魄力。员工以往的跳槽行为给新雇主提供的信息对员工自身的影响，最终将通过单位对其人力资源价值的估价表现出来。但相对来说，正面的信息会让新单位在原基础上给员工支付更高的薪酬。

从短期看，员工跳槽通常都以新单位承认其更高的人力资源价值为理由；如果从长期看，员工跳槽前的一段时间会影响到未来雇主对其人力资源价值的评估。这种影响既可能对员工有利，也可能对员工不利。换句话说，员工在选择跳槽时，也等于在为自己的短期利益与长期利益做选择。

职场中，你需要时刻记住的是：无论如何取舍，不会有人为你的失误买单，跳槽也存在风险，要经过充分考虑。

事业是兢兢业业干出来的，不是冒冒失失"跳"出来的。只有你真正为自己找到值得奋斗的事业，以此不断激励自己刻苦实干，你才能真正成就丰功伟业。

没有跨越不了的事情，只有无法逾越的心

一个人在他 25 岁时因为被人陷害，在牢房里待了 10 年。后来沉冤昭雪，他终于走出了监狱。出狱后，他开始了几年如一日

的反复控诉、咒骂："我真不幸，在最年轻有为的时候竟遭受冤屈，在监狱度过本应最美好的一段时光。那样的监狱简直不是人居住的地方，狭窄得连转身都困难，唯一的细小窗口里几乎看不到阳光；冬天寒冷难忍，夏天蚊虫叮咬……真不明白，上帝为什么不惩罚那个陷害我的家伙，即使将他千刀万剐，也难解我心头之恨啊！"75岁那年，在贫病交加中，他终于卧床不起。弥留之际，牧师来到他的床边："可怜的孩子，去天堂之前，忏悔你在人世间的一切罪恶吧……"

牧师的话音刚落，病床上的他声嘶力竭地叫喊起来："我没有什么需要忏悔，我需要的是诅咒，诅咒那些造成我不幸命运的人……"

牧师问："您因受冤屈在监狱待了多少年？离开监狱后又生活了多少年？"他恶狠狠地将数字告诉了牧师。

牧师长叹了一口气："可怜的人，你真是世上最不幸的人，对你的不幸，我真的感到万分同情和悲痛！他人囚禁了你区区10年，而当你走出监牢本应获取永久自由的时候，你却用心底里的仇恨、抱怨、诅咒囚禁了自己整整40年！"

现实生活中，有不少人和故事中的人一样，给自己编织"心理牢笼"：有些人总是唠叨自己的坎坷往事、身体疾病，或抱怨自己遭受的不平待遇和生活苦难；有些人还喜欢用自己不懂的事情塞满自己的脑袋，把一些不相干的事与自己联系在一起，造成了心理障碍。殊不知，对那些往事、不平的经历，甚或想不明白的事情，一味地责怪和抱怨是于事无补的。如果总是对想不通、想不开的事情患得患失，就很容易使自己失去判断能力，最后被囚禁的就是自己的整个人生。

人的心理牢笼千奇百怪、五花八门，但它们都有一个共同的特点，那就是这些所谓的"心理牢笼"都是人自己营造的。时间一长，个人就会不知不觉地把自己囚禁在"心狱"之中，就像故事中的那个可怜的人那样，至死都被囚禁在无尽的怨恨当中，哪还有时间去追求丰富多彩的人生呢？

世界上最难攻破的不是那些坚固的城堡和城池，而是自己的"心墙"。它阻挡了阳光的照射，妨碍了空气的流动，禁锢了生命的盛放，正如一位哲人曾说的："世界上没有跨越不了的事，只有无法逾越的心。"

在成长的过程中，很多人因为遭受来自社会、家庭的议论、否定、批评和打击，奋发向上的热情便慢慢冷却，逐渐丧失了信心和勇气，对失败惶恐不安，变得懦弱、狭隘、自卑、孤僻、害怕承担责任、不思进取、不敢拼搏。事实上，他们不是输给了外界压力，而是输给了自己。很多时候，阻挡我们前进的不是别人，而是我们自己。因为怕跌倒，所以走得胆战心惊、亦步亦趋；因为怕受伤害，所以把自己裹得严严实实。殊不知，我们在封闭自己的同时，也封闭了自己的人生。

一个渴望有所成就的人，必须走出自己的"心狱"。心中有"牢笼"，便限制了人潜质的发挥。所以，要想开放自己的人生，取得骄人的成绩，关键在于冲出"心理牢笼"。

那些给自己编织"牢笼"的人，他们日复一日在迷宫般的、无法预测又乏人指引的茫茫人生中损坏了"罗盘"，这坏掉的罗盘可能是扭曲的是非感，或蒙蔽的价值观，或自私自利的意图，或是未设定的目标，或是无法分辨轻重缓急，简直不胜枚举。卓越人士会保护好人生罗盘，维持正确的航线，不被沿路上意想不到的障碍困住，坚定地向前行进，最终轻松而顺利地抵达终点。

有句话这样说："自己把自己说服了，是一种理智的胜利；自己被自己感动了，是一种心灵的升华；自己把自己征服了，是一种人生的成熟。大凡说服了、感动了、征服了自己的人可以凭借潜能的力量征服一切挫折、痛苦和不幸。"其实，许多人的悲哀不在于他们运气不好，而在于他们总爱给自己设定许多条条框框，这种条框限制了他们想象的空间和奋进的勇气，模糊了他们前行的航向和人生的追求。他们看似一天到晚忙个不停，实际上已经套上了可怕的枷锁，注定碌碌无为。可见，敢于打破自我设定的障碍，冲出自己编织的"心理牢笼"，多一点超越，多一点豁达，生活就会不一样。

两思而后行才是明智之举

行动前应该思考几次？两次，三次，还是四次？

"季文子三思而后行。子闻之曰：再，斯可矣！"有人对这句话的解释是，孔子听到季文子三思而后行的举动后，说："还应该再思考一次。"对此，南怀瑾先生则认为，孔子是在说："思考三次，太多了，两次就够了。"

中国有句古话："秀才造反，三年不成。"为什么会"三年不成"呢？有人归结为胆小，有人归结为背景不足。其实关键往往是思考得太多、太复杂！

第一，"造反"开始，如何筹备，谁出钱谁出力？兵器打造了多少，够不够用？先攻哪里，再攻哪里？如果攻不下怎么办？攻不下又分好几种情况，出现每一种不同的情况又怎么办？如果被官兵事先发觉了怎么办？如果家属受到牵连怎么办？粮草辎重的供给怎么办？如果……

第二，"造反"取得小胜后，如何稳固根基？怎样安排家属随军？如何安抚民心？谁负责哪一块，能不能做好？如果官府派大军来围剿，怎么打？打得过怎么样，打不过又怎么样？如果造反一开始就失败了，怎么脱身？被抓住了又怎么应付……

第三，"造反"成功后，成果如何分配？推举谁为首领？每个人各担任什么职务？以后加入的人怎么分配成果？推行什么样的政策？怎么处置抓获的达官贵族？在什么地方定都，可供选择的几个大城市又各有哪些利弊？首领去世后推举谁为下一位领袖、谁来辅佐……

脑海里如若有太多的"如果""怎么办"，八字还没一撇，就恨不得把后面的事情都计划周详，这样是永远也迈不出行动的第一步的。

季文子是鲁国的大夫，做事情过分小心、仔细。一件事情，想了又想，想了再想才会去做。孔子知道了他的这种做事态度，便让他别想得太多，为人做事诚然要小心，但"三思而后行"，的确考虑得过了。做事情的时候，考虑一下，再考虑一下，就可以了。如果考虑三次，很可能会因犹豫不决，就轻易放弃了。

做人应该谨慎，但是过分谨慎便是小气了。

吉恩快40岁了，他受过良好的教育，有一份稳定的会计工作，一个人住在芝加哥，他最大的心愿就是早点结婚。他渴望爱情、友谊、甜蜜的家庭、可爱的孩子及种种相关的事。他有几次差点就要结婚了，有一次只差一天就结婚了，但是每一次临近婚期时，吉恩都因不满他的女朋友而作罢。有一件事可以证明这一点。

两年前，吉恩终于找到了梦寐以求的好女孩，她端庄大方、聪明漂亮又体贴。但是，吉恩对于婚姻过于谨慎，他还要证实这件事是否十全十美。有一个晚上，当他们讨论婚姻大事时，新娘突然说了几句坦白的话，吉恩听了有点懊恼。

为了确定他是否已经找到理想的对象，吉恩绞尽脑汁写了一份长达四页的婚约，要女友签字同意以后才结婚。这份文件又整齐，又漂亮，看起来冠冕堂皇，内容包括他所能想到的每一个生活细节。其中有一部分是宗教方面的，里面提到了去哪一个教堂、上教堂的次数、每一次奉献金的多少；另一部分与孩子有关，提到他们一共要生几个小孩、在什么时候生。他把他们未来的朋友、他太太的职业、将来住在哪里及收入如何分配等，都不厌其烦地事先计划好了。在文件末尾又花了半页的篇幅详列女方必须戒除或必须养成的一些习惯，例如抽烟、喝酒、化妆、娱乐，等等。

准新娘看完这份最后通牒，勃然大怒，她不但把它退回，而且又附了一张便条，上面写道："普通的婚约上有'有福同享，有难同当'这一条，对任何人都适用，当然对我也适用。我们从此一刀两断！"

当吉恩向朋友谈起此事时还说："你看，我只是写一份同意书而已，又有什么错？婚姻毕竟是终身大事，你不能不谨慎啊！"

例子里的吉恩就是犯了过于谨慎的错误。婚姻大事虽然的确需要我们谨慎，但是也应该适可而止。

谨慎中有大学问，行动前究竟要思考几次，因人而异，因事而定，圣人告诉我们的只是一个行事的准则，千万不要让思虑限制了行动。

第二章

所谓选手与高手，
差的是格局与远见

第一节 用将来的眼光看现在

对未来有所预见

未来是不确定的，无论多么周详的计划，在不确定因素面前也无能为力，所以，必须随机应变。随机应变能力的前提就是你必须拥有确定的目标和长远的计划，用长远的眼光来思考问题。

许多人做事时容易只见树木而不见森林，被眼前的利益蒙蔽双眼，这使他们损失了长远的好处，也忽视了潜伏在远方的危险。因为有很多事表面上看来是能获利的，但是整体看来却是损失。常言说得好："因小失大。"假使你以单纯的想法自以为获利，等到后来，往往会发现其实是受到损失了。

我们一定要高瞻远瞩，培养自己预见未来的能力。

公元前415年，雅典人准备攻击西西里岛，他们以为战争会给他们带来财富和权力，但是他们没有考虑到战争的危险性和西西里人抵抗战争的顽强性。由于求胜心切，战线拉得太长，他们的力量被分散了，再加上联合起来的敌人，他们更难以应付了。雅典的远征导致了历史上最伟大的一个文明国家的覆灭。

一时的心血来潮给雅典人带来了灭顶之灾，胜利的果实的确诱人，但远方隐约浮现的灾难更加可怕。因此，不要只想着胜利，还要想着潜在的危险，这种危险有可能是致命的，不要因为一时的冲动而毁了自己。

我们应时刻保持清醒的头脑，考虑到一切存在的可能，根据变化随时调整自己的计划。世事变幻莫测，我们必须具有一定的预见未来的能力。一旦未来可能出现的种种情况得到了检验，就应该确定自己的目标，同时要明智地为自己准备好退路。

做任何事都要建立在对未来有所预见的基础上，这样，你也可以很好地控制自己的情绪，而且比较不容易受到其他情况的诱惑。许多人做事功亏一篑就是因为对未来没有预见，头脑模糊，意识不明确。

有的人认为自己可以控制事态的发展，但是在实施的过程中往往因为思路模糊不清而失败。他们计划得太多，又不懂得随机应变。所以，要想成功必须拥有确定的目标和长远的计划，还要有随机应变的能力。

预见未来的能力是可以通过实践探索慢慢培养的。要有明确的目标，但必须实事求是地对客观现状进行分析评估；计划要周密，模糊的计划只能让你在麻烦中越陷越深。如果能够克服这种短视行为，将获得更多意想不到的收益。

想在别人前面，走在别人前面

人们常说："一步领先，步步领先；一步落后，步步落后。"的确，一个人如果总是走在别人的后面，就很难把握生活的契机，也就很难迈上"领先"的道路，给自己的发展带来很大的限制。因此，要培养和树立超前意识，使自己具备前瞻眼光，这对自己今后的人生极为重要。

无论是在生活中还是工作中，都要善于在每件事情上以超前的眼光和意识去看一看、想一想，有没有什么潜在的"契机"可以抓。如果有，就要抓住不放，并让它最大限度地体现出实际成果。培养这种意识，把眼前的利益放在更长远的目标上来看待，能缩短我们与成功之间的距离。

2008年东莞的颖祺公司非常引人注目，在很多企业倒闭的时候，它却呈现出生产繁忙的景象：堆满院内走廊的货物，热闹的生产车间，让人很难感觉到当下外贸出口形势困难的压力。由于2008年的生产量是2007年的一倍多，所以公司把接待大厅也当成了成品仓库。

这家企业致富的秘密武器是电脑程序生产车间里的一排排2007年引进的电脑织机。电脑织机可以大大提高生产力，一个员工可以操作8~10台，按8个小时计算，每台织机的产量是以前手工的横拉针织机的2.5倍，不仅大大提高了生产效率，而且还降低了生产成本，一台针织机可以代替28个劳动力。

2007年初，颖祺公司的领导层就明显感觉到了劳动力成本上升的压力，工人的工资不断上涨，但每个工人的生产效率却没有提高多少，于是每件衣服的成本不断地上升，而由于竞争激烈，出口价格却在不断下降。能否降低用工成本，成了企业的一条生死线。因此，公司决定投入上亿元引进先进设备，致力技术改造，提高生产效率。电脑织机还有一个好处，就是它能够提高产品的产量和更新款式（有些款式手工做不出来）。

因为电脑织机带来的产量及质量的双重保证，客商对颖祺公司比较有信心，认可度也提升了。2008年，世界毛衣三巨头的前两位都伸出橄榄枝，主动找到颖祺公司要求建立客户关系。颖祺公司因此可以淘汰掉一些素质比较低、利润比较薄的产品客户，公司的客户层次有了一个质的飞跃。2008年，公司的利润率已冲高到25%。

2008年中，颖祺公司在创新路上更进一步，成立产品研发设计室，自主开发新产品，外商从中看到合适的款式，就交钱下订单。尝到了外贸领域高附加值产品的甜头后，颖祺公司开始积极筹备国内市场的开发，两条腿走路是企业规避国际风险的一个方法。颖祺公司开发的自主品牌"颖和祺"服饰，2007年11月已经获得广东省授予的名牌，2008年更为公司获得了不少利润。

长远的目光加上超前的行动，是颖祺公司取得辉煌成绩的重要原因。

中国有句古语：凡事预则立，不预则废。说明在做任何事时，事先预见和做好准备是成功的关键。许多人做事失败就是因为没有用将来的眼光看事情，没有想在他人面前、走在他人前面，思想模糊，意识不明确。

所以，要注意在实践中培养自己用将来的眼光看问题的能力，这样才能想在他人前面，走在他人前面，更快遇见成功。

开放才能拥有，突破才能成功

1698 年，当几位大臣恭敬地问候远途归来的帝王时，高大魁梧的帝王突然操起手中的剪刀朝他们的胡子剪去。这个帝王就是俄国沙皇彼得大帝，他的这一刀剪开了俄国一系列改革的大幕。

17 世纪末的俄国是一个落后的国家，同西欧相比，俄国在各方面都比西欧落后：神职人员显得愚昧无知；文学暗淡无光，数学和自然科学无人问津；盛行农奴制——实际上农奴的数目在增加，而其合法权利在减少。当俄国沉睡在中世纪的时候，欧洲的文学和哲学已经出现了一片兴旺繁荣的景象，牛顿关于万有引力的著述已经问世。

从小就有着远大抱负与坚强意志的彼得大帝在亲政后下决心向西欧学习。1697～1698 年间，彼得以一个下士彼得·米哈伊洛夫的身份率领了一个大约由 250 人组成的"庞大的使团"到西欧进行了一次长途旅行。在这次旅行期间，他为荷兰东印度公司当了一定时期的船长，还在英国造船厂工作过，在普鲁士学过射击。他走访工厂、学校、博物馆、军火库，甚至还参加了英国议会举行的会议。总之，他尽了最大的努力学习西方的文化、科学及行政管理方法。1698年，回到俄国的彼得大帝开始了大规模的改革，创建新军，实行义务征兵制；大力发展工商业；提高政府工作效率，加强中央集权；重视贵族子弟的教育，仿照西方模式开办学校，等等。

在彼得大帝的统治下，俄国从一个几近被边缘化的国家一跃成为欧洲强国，跨进了现代世界的门槛。

彼得大帝不是一个顺乎潮流的君主，而是一位站在时代前列的改革家。彼得大帝的先见之明使俄国历史发生了巨大的变化，他富有改革意识和开拓精神，使俄国走上了一条以前从未想过要走的路。

蒙牛集团创始人牛根生说过："凡系统，开放则生，封闭则死。"国家如此，社会如此，人亦如此。

中央电视台《赢在中国》是我国目前最受关注的财经节目之一。这个节目吸引了无数怀揣创业梦想的选手前来参选，还请来了马云、牛根生、熊晓鸽等著名的企业家担任嘉宾。而这个节目的形成和《赢在中国》总制片人、主持人王利芬在海外学习的经历和思考是分不开的。

几年前，王利芬在美国布鲁金斯学会下的中国中心进行电视研究。一次偶然的机会，她看了《学徒》，从而大受启发，开始思考是不是可以借鉴美国模式办一档中国的商业人才选拔的电视节目。

因为眼界开阔，王利芬想到了借鉴国外成功电视节目的好点子，但《赢在中国》最终能成功，还得益于她眼界的开放：完全照搬必死无疑，因为美国《学徒》中的价值观和中国人的价值观并不吻合。经过深思熟虑，王利芬终于找到了一个中国化的主题——"励志，创业"，由此才有"励志照亮人生，创业改变命运"的《赢在中国》的诞生。

王利芬这样表达了她对"开放"的理解："开放是我们时代的趋势，是互联网的精神，任何一个个体在时代趋势面前都会显得微不足道，常常是时代的浪涛冲刷着那些不开放的障碍，最后开放变得不可阻挡。所以，主动的开放就是弄潮儿，而被动的抵抗则是残缺的石岸。"

开放的时代，人生也需要开放。开放的人生来源于开放的思想，开放的思想来源于开放的眼界，开放的眼界来源于开放的行动，开放的行动来源于开放的知识。生活在一个不断开放的国度里，我们也要用开放的思维，用开放的勇气，用开放的行动，为自己建设一个不断开放、不断进步的人生。打开自己，你就赢得整个世界。

比尔·盖茨经常对微软的员工说："客户的批评比赚钱更重要。从客户的批评中，我们可以更好地汲取失败的教训，将它转化为成功的动力。"比尔·盖茨本人就是一个心态非常开放的人，他鼓励公司里每个人畅所欲言，当别人和他有不同意见时，他会很虚心地去听。每次公开讲演之后，他都会问同事哪里讲得好，哪里讲得不好，下次应该怎样改进。这就是世界巨富的作风，也是他之所以能成为巨富的潜质。

　　花草因为有土壤和养分，才会茁壮成长、美丽绽放，人的心灵也必须不断接受新思想的洗礼和浇灌，否则智慧就会因为缺乏营养而枯萎死亡。

　　成功的人生是一种开放的人生，封闭自我只能在开放的滚滚浪潮中沉沦。所以，开放你的人生，突破旧的格局，做最好的自己，赢得美好的人生。

第二节 "格"是人格，"局"是胸怀

人格的宽度决定生命格局的广度

在众星云集的皇马俱乐部，人们说齐达内是唯一一个能在更衣室里大声说话的人；而在法国国家队，只要齐达内在场上，他自然而然就是球队的核心，即使法国队拥有着亨利、特雷泽盖等众多明星，教练依然要围绕齐达内来制订战术。

为什么很少有教练把齐达内放在替补席上？为什么即使其他队友球技卓越，齐达内也依然是球队的"魂"？单凭球技而自恃高人一等，是不能让球员甘心以你为中心的。

2005年8月，法国足球队到了生死存亡的关键时刻，曾经的世界冠军如今要为能否出现在世界杯赛场上而苦苦挣扎。这个时刻，齐达内站了出来，在阔别国家队一年后，这位33岁的中场老将又披上了蓝色战袍。三届足球先生得主、世界杯、欧洲杯、冠军杯，但凡有点分量的奖杯齐达内都拿遍了。作为一个足球运动员，他已经不需要在足球方面再向人证明什么了，但他还是毅然决然地在国家队最需要的时候回来了。他不是不知道自己的能力不如以前，一旦法国无法出线，会使他英名尽丧，但他甘冒有

决定上限的
是你的格局和情商

损名誉的危险来挽救法国队，就凭这一点，他就足以成为其他球员的楷模，有这样胸襟的人才配称作"球神"！

牺牲个人利益而选择国家利益并不是每个球员都能达到的境界，齐达内选择了国家队，是因为他对国家的热爱。单凭球技好并不能成为大家心中的球神，球德才是最重要的。

品德是导引一个人行动的航标，拥有良好的品质，我们才不会在人性的丛林中迷失方向。对此，邓肯说："有德行的人之所以有德行，只不过受到的诱惑不足而已；这不是因为他们生活单调刻板，而是因为他们专心致志奔向一个目标而无暇旁顾。"的确如此，一个执着于追求高尚品格的人，绝不会轻易受到不良心性的影响，做出有损声誉的事情。坚守人格的人，能经得起岁月的考验，并随着时光的流逝，历久弥香。品德是最高的学历，恪守信义亦是赢得人心、产生吸引力的必要前提。它能让我们获得更多的信赖、理解，得到更多的支持、合作。当我们的品格被人认可时，人生的大格局便也开启。

在那些单纯的美色和财富不起作用的场合，和蔼亲切的风度、令人着迷的人格却可以给人留下美好的印象。我们每一个人做事，要做好事，要好好做事，做有益之事；做人，要做好人，要好好做人，做优秀之人。做事先从做人开始，利人利己的事多做，损人利己的事不做。这是做人的基本准则。

成功之道，在以德而不以术，以道而不以谋，以礼而不以权。成大事的人往往都有一颗谦虚谨慎的心，都是不把自己的真正实力暴露出来的人。做人做事不锋芒毕露，不狂妄，不骄不躁，韬光养晦。

做人的成败与做事的成败密切相关。美国哈佛大学著名行为学家皮鲁克斯曾有一句名言："做人是做事的开始，做事是做人的结果。把握不住这两点的人，永远都是边缘人！"只有精通做人的道理，经受做人的历练，才能胸怀大智、心装大事，才能通过健全的心智、充沛的精力、正确的行动，求得事业的成功。

所以，一个人人格的宽度决定其生命格局的广度，当一个人有了高尚的人格，他就能做好事、做好人，也就能打开生命的格局，真正做成大事，实现自我。

拼出生命巨图，把自己拉到最高点

1980 年，古兹维塔担任了可口可乐的首席执行官，当时他面对的是与百事可乐的激烈竞争，可口可乐的市场份额正在被它逐渐地蚕食，可口可乐的管理者为此很是着急。可口可乐其他的管理者都把竞争的焦点全部集中在百事可乐身上，只想着如何让可口可乐一次增长 0.1% 的市场占有率。古兹维塔经过思考，毅然决定停止与百事可乐的这种正面竞争，而改为与 0.1% 的成长相当的另类市场进行角逐。他派人进行市场调查，然后把调查的结果展示给其他管理者。

美国人一天的平均液态食品消耗量是多少？答案是 14 盎司。可口可乐在其中有多少？答案是 2 盎司。

"你们看出什么了吗？"古兹维塔说，"可口可乐需要在哪块市场提高占有率。我们的竞争对象不是百事可乐，而是要占掉市场剩余12盎司的水、茶、咖啡、牛奶及果汁。当大家想要喝一点什么时，应该是去找可口可乐。"

为了达到这个目的，可口可乐在每一个街头都摆上自动售货机，销售量也因此节节攀升，彻底占领了液态食品市场。通过这种做法，可口可乐很自然地就把百事可乐远远抛到了身后。

可口可乐的成功秘诀，就在于其站在了市场的最高点，着眼于市场全局的竞争。着眼于全局，不仅仅意味着能够对全局进行有效的掌握，它更是一种价值观，是一种将自身格局拉大至整体层面，能够看到整体利益，顾全大局的视野高度。商业经营中需要顾全大局，在日常为人处世中同样如此。

胡林毕业于天津某名牌大学，才华出众，但公司的老板觉得他经验不足、资历尚浅，决定派他跟随策划部主任到上海做一个大项目，锻炼一下。不巧的是，他们刚到上海的那几天，上海连降大雨，到处都是积水。一天，他跟策划部主任从办事处出来之后，水已经深得快没到膝盖了。不得已，他俩只好卷起裤腿，一手拎着鞋，一手托着笔记本电脑，像走钢丝似的小心翼翼地走在浑水里。突然，胡林脚底被什么东西绊了一下，整个人顿时失去了平衡感，迅速地向前倾去。就在这一瞬间，他的脑海中闪过这么一个问题：用哪只手去撑起身体的重量？自己刚买的富贵鸟皮鞋，还是公司价值12000元的笔记本电脑？但也就是一闪念之间的事，胡林作出了果断的选择：把拎皮鞋的右手撑在浑浊的水中，高高地托起左手的电脑……这件事给策划部主任留下了相当深刻的印象，后来，策划部主任向老板反映了此事，老板也对胡林刮目相看。由于胡林处处想着公司，为公司办事，成绩斐然，两个月之后他就被公司委以重任，单独负责一些大项目了。

我们工作的目的绝不仅仅是每月有一份不错的薪水，或者是有一份可以谋生的职业，我们还追求一种认同感、归宿感和成就感，而这一切都建立在荣誉感的基础之上。只有这种荣誉，才能让我们对待工作全力以赴，才能让我们自觉地远离任何借口，远离一切有损于公司和工作的行为。在争取荣誉、创造荣誉、捍卫荣誉的过程中，我们个人也不知不觉地融入集体之中，获得了更好的发展。可以说，荣誉感是团队的灵魂，荣誉感的激发，可以在组织中形成一个"同心圆"。

胡越是随着温州医科大学附属第二医院的妇科一起成长的。

1987年，她被分配到温州医科大学附属第二医院工作，多年来她在自己的岗位上任劳任怨、兢兢业业。常有人这样问："为什么别人止不住的血，你能止住？"每当这时胡越总微笑着说："这就像练武功，同一个师父教出来的徒弟，不一定技术就相同。"

手术效果好，病人越来越多，胡越和她的团队尽量不让病人久等，"病人有这个需求，就要尽量解决，拖不得。"一天做20个宫腔镜手术对胡越来说是家常便饭，各类妇科的疑难杂症到她面前大都迎刃而解。她还在浙南地区率先开展盆腔脏器脱垂病人

决定上限的
是你的格局和情商

盆底修复和重建技术，将人工材料成功植入病人的体内修复盆底，一改传统术式效果差、扭曲或损害结构和功能、易于复发的缺点，并为84岁高龄的妇女成功完成盆底修复手术。

因为胡越和她团队的优秀工作，胡越被评为十大优秀青年，温州市"三八红旗手"。获得这些荣誉后，胡越更加卖力地工作，更加热爱自己的团队。她常说："荣誉都是集体的，这是大家的成绩，我只是替大家领的这个荣誉而已。"

一个优秀的人总是会把集体的荣誉放在第一位，无论何时何地，都要最大限度地维护集体的利益，像胡越一样懂得先有团队的荣誉才有自己的荣誉，但这个社会也不乏跟喜欢在船上打洞的老鼠一样，目光短浅，只看到个人的眼前利益，却没考虑到后果的人。殊不知，当老鼠把洞打穿，找到船上粮食的时候，也是公司这条船往下沉的时候。

方成丝钉厂是中部省份的一个县办集体所有制企业，20世纪70年代，工厂的业务特别红火。虽然那时还是计划经济，各种原材料都要依靠计划指标才能购置，但该厂的产品却远销全国各地。

到20世纪80年代，东南沿海地区开始在计划之外做市场，这种丝钉类的产品技术含量不高，逐渐被沿海地区价格更便宜、质量更好的产品替代了。产品滞销，工厂每况愈下，有时只能发70%的工资，有时甚至连70%的工资也不能保证按时发放。很多员工对此很不满，有的开始在下班的时候往工具包里装钉子，然后到集市上低价倒卖。时间长了工厂越发亏损。

为防止工人下班偷钉子，工厂曾经在大门口安放了大型吸铁石和报警器，搞得人人自危。结果工厂最后还是垮了。

方成丝钉厂的失败就在于，公司不重视忠诚意识和牺牲精神的培养，员工也不把公司的利益放在首位。最终谁也没落得什么好处。个人与集体的关系就如同手和身体，不能只看到自己，而应站在更高的层面上统观全局、服从全局的思想，将集体荣誉放在第一位，追求整体效应。

拼出生命巨图，把自己拉到最高点，站在山顶俯瞰生命全景，这样不但能够令我们更好地掌控全局，同时也是对自我格局的一种扩大，能够让自己的人生观与价值观处于高广的人生视点上，使自己成为拥有较高生命品质的人。

格局一撑开，好运自然来

杨佳出生于1963年，29岁之前，她一直过得很顺利。她15岁就考上郑州大学英语系，19岁开始教授大学二年级的英语精读课，23岁从中科院研究生院毕业后留院任教。但天有不测风云，1992年，正值人生最璀璨阶段的她，却患上了一种叫作"黄斑变性"的眼疾。原本五彩斑斓的世界在她的眼前，由雾蒙蒙到白花花，直到完全黑暗。然而爱学习的杨佳并没有放弃，她用超乎常人的毅力开始学习盲文。

患病后，她随身携带一个袖珍型的小录音机，比如记个电话号码，就用录音机录下来。失明之后，她依然能写出漂亮的板书，她贴在黑板上的左手是在悄悄估计字的大小，好配合写字的右手。为了这几行板书，她不知在家里练了多少遍，在房门上、在硬纸板上，让自己慢慢感觉以往所忽略的身体律动，来协调左右手之间的搭配。语音教室里，平面操作台上的各种按钮也被她贴上了一小块一小块的胶布，作为记号。

在中科院外语部教学品质评量表中，博士生们为她打了98分。在毕业班的毕业留言簿上，学生们深情地写道："杨老师，我们无法用恰当的言辞来形容您的风采，您的内涵如此丰富，您的授课如此生动，除了获取知识外，我们还获得了不少乐趣和做人的道理……"

杨佳说："我从没觉得自己与其他人有什么不同，站到讲台上我就是个老师，我和其他老师一样，学生要学东西，我把自己所知道的教给他们。"

杨佳以坚韧不拔的精神和在工作上的出色成绩，先后被评为中科院"十佳"和2000年度的第四届北京"十大杰出青年"。

她说："每个人的路都是不一样的，但都应该有一种强烈的生存欲望，不管遇到多大的坎坷都应该坚强地走下去。人生虽然会碰到很多困难，甚至可能陷入绝望的境地，但是，最困惑时往往最能领悟人生的真谛。而当你走出某一段经历后再回头看，也许人生最美好的东西就随之而来了。"

杨佳的命运可谓是经历了大起大伏，但无论是得意时还是失意时，她都把握住了自己的命运。失明没有迫使她离开自己热爱的讲台，相反，她还奇迹般地获得了一次又一次的成功。

风华正茂，学业、事业春风得意，却被宣告从此失去斑斓多彩的世界。如果换作常人，这无疑就是人生的灭顶之灾，从此会自怨自艾、绝望沉沦。但杨佳没有放弃自己，她乐观坦然，勇敢地面对厄运，并继续挑战自己热爱的教育事业。正是因为她胸怀这样的大格局，所以她才能在讲台上创造奇迹，成为杰出青年，并赢得人们的敬仰。

我们每个人都有一种格局，也就是一个目标、一种气势、一种性格、一种胸襟、一种信念、一种坚持。格局并不是先天带来，而是后天形成的。大格局的人拥有一种境界，能够以坚韧的毅力冲破看似难以逾越的险阻；大格局的人拥有一种高度，身在最高层而不畏浮云遮望眼；大格局的人拥有一种韧劲，咬定青山不放松，坚持到底。

有这么一句耐人寻味的话：大事难事，看担当；逆境顺境，看襟度；临喜临怒，看涵养；患得患失，看智慧；做大做小，看格局；可快可慢，看领悟；是成是败，看坚持！

意思是，面对大事和难事的时候，可以看出一个人担当责任的能力；在处于顺境或逆境的时候，可以看出一个人的胸襟和气度；碰到喜怒之事的时候，可以看出一个人的涵养；收获或者损失，可以看出一个人的智慧；事情做大还是做小，可以看出一个人的格局；学东西快还是慢，可以看出一个人的领悟能力；做事成功还是失败，可以看出一个人的毅力与韧性。有人面对需要担当起责任的大事或遇到重大挫折的时候，总是采取推卸责任或逃避的态度，如此怯懦，如何承担生命重托？格局大的人，总能挺起脊梁勇敢地面对一切。这样的人，拥有高深的修养和品性，拥有博大的胸怀和气度，不管是顺境还是逆境，总会有"任凭风吹浪打，胜似闲庭信步"的宠辱不惊和淡定自若；这样的人，总是比一个小格局的人的运气好得多，他的人生篇章也注定精彩绝伦。

不要盲目地羡慕别人的好运气，而要看到他们成功背后的大格局。反思一下自己，遭遇不幸时，是否足够地坚强乐观；面对困难时，是否敢于鼓起勇气担当；被人误会时，是否能宽宏大量地对待一切；名利纷至沓来时，是否能宠辱不惊、再铸辉煌……如果人生格局足够大，即使条件再艰难，环境再诡异多变，你一样能好运连连！

第三节 重设格局，改写结局

人生如局，爱拼才会赢

有人说，人生是一场赌局。命运就是随机抓到手中的麻将，好坏全凭运气。然而，高明的玩家，即使手中抓了一副烂牌，也不会轻易放弃，也会坚持拼下去。因为，赌局只要没有结束，他就有赢的机会。

有一本记录真人真事的书，名字叫《假如上帝给我一双手》，书中的主人公和志刚很不幸抓到了一副命运的烂牌，9岁那年他不小心触电而失去双臂。很多人都以为他的一生将彻底废掉，然而，他凭借不屈不挠的毅力，创造了人生的奇迹，不仅成为夺取多次冠军的残疾运动员，还成为中国第一个用口叼着笔写字的著名书法家。在人生这场赌局里，他是高明的玩家，面对手里的烂牌，他没有毫不作为、选择放弃，他坚持到了最后，所以，他赢得了一场华丽的胜利。

谁不曾对生活灰心过、失望过？然而，人生要在最后看结论，世界上没有绝望的事，只有绝望的心，爱拼才会赢。无论现实如何，通过自己的努力创造一个华丽的结局，这样才不枉此生。

拿破仑出生在科西嘉岛的阿亚丘镇，他的父亲性格虽很高傲，但手头非常拮据。幼时，他父亲令他进入贝列思贵族学校。校中的同学，大都恃富而骄，思想卑劣，讥讽家境清寒的同学，所以拿破仑常受同学们的侮辱。起初逆来顺受，竭力抑制自己的愤怒，但同学们的恶作剧，愈演愈甚，他终至忍无可忍，于是函请他父亲准他转学，希望脱离这可怕的环境，可是他父亲来信坚决地回复他说："诚然，家中拮据，但你仍须留在校中读书。"他不得已，饱尝了5年的痛苦，他每次遇到同学们的侮辱性的嘲弄，不但没有消沉他的志气，反而增强了他的决心，磨砺了他的意志，准备将来战胜这些卑鄙的纨绔子弟。

当他16岁任少尉职的那年，不幸他父亲去世，在他微薄的薪俸中，尚须节省一部分钱来赡养他的母亲，那时，他又接受差遣，须长途跋涉，到凡朗斯去加入队伍，厄运迭至，真是已达极点，到了队上，眼见伙伴们大都把余闲的光阴虚掷在狂嫖滥赌上，然而他并不想像这些伙伴那样，放纵堕落，自甘平庸，他把自己业余的光阴，全放在钻研学问上。幸好这时他可以在图书馆中，借到他要看的书。他早有了他心中的目标，在艰苦卓绝中埋首研习，虽然弄得脸无血色，孤寂烦闷，都没有动摇他的意志，数年的功夫，积下来的笔记，后来印刷出来，竟有四大箱。

此时，他已设想到自己成为一个总司令，他绘制了科西嘉岛的地图，并将设防计划罗列图上，根据数学的原理精确计算。从此以后，他崭露头角，为长官所赏识，派他担任重要的工作，至此否极泰来，青云直上。其他的人对他的态度，大大改观，从前嘲笑他的人，反而接受他指挥，奉承唯恐不周；轻视他的人，也以受他稍一顾盼为荣；嘲笑他是一个迂儒书呆、毫无出息的人，也虔诚崇拜，到处颂扬。

人生如局，爱拼才会赢。很多人往往要在一番艰难困苦中奋力挣扎后才能迸发出生命的耀眼光芒。莎士比亚说过，斧头虽小，但经过多次劈砍，终究能将一棵最坚硬的橡树砍倒。只要不放弃，只要肯努力，再糟烂的人生都能改变。

设计你的人生格局，别让理性继续沉睡

设定自己的目标，就是要设计自己的人生。目标，无论是生活中的小目标，还是人生中的大目标，都需要精心设计。设计会使我们的人生更加完善，而完善的人生一直都是我们所追求的。不论你是知名企业的总裁，还是普通公司的小职员；不论你是年迈的老人，还是花季少年，你都离不开人生设计。

人一生中会做无数次的设计，但如果最大的设计——人生设计没做好，那将是最大的失败。设计人生就是要对人生实行明确的目标管理。如果没有目标，或者目标定位不正确，你的一生必然碌碌无为，甚至是杂乱无章的。

做好人生设计，必须把握两点：一是善于总结，二是善于预测。对过去进行总结和对未来进行设计并不矛盾。只有对自己的过去好好回顾、梳理、反思，才能找出不足，继续发挥优势，这样，

在做人生设计时，才能扬长避短。而对未来进行预测，就是说要有前瞻性的观念和能力。假如缺少了前瞻性的观念和能力，人将无法很好地预见自己的未来，预见事物的动态发展变化，也就不可能根据自己的预见进行科学的人生设计。一个没有预见性的人，是不可能设计好人生、走好人生路的。

还有一点必须记住，那就是设计好人生的前提是自知、自省。了解自己，了解环境，这是成功的法则。知己知彼，方能百战不殆。对自己有个详细的了解与估量，才能切合实际地进行人生设计。在知己知彼以后，需要对自己合理定位。人总会有不足和缺陷，对自己期望过低、过高都不利于成长。

设计人生不能盲从，也不能一味地服从与遵从死理。设计目标是为了实现，而不是为了设计而设计。设计只是一种手段，不是我们要的结果。因此，我们需要变通地设计，因事、因时、因地变化。设计也不是屈服，设计的主动权要掌握在我们自己的手中——我的人生我做主，用自己手中的画笔在画布上画出美丽的图画。

一个人要有独特的、负责任的人生格局和人生设计，这不只是自己的事情，也是这个时代对我们的要求。如果你的理性还在沉睡中，那么快醒醒吧，赶快设计好自己的人生格局，不要等来不及时才匆匆忙忙地应付。

拥有更大的格局，就拥有更多的成功

大千世界，芸芸众生，不同的人有着不同的命运。能够左右命运的因素很多，而一个人的格局，是其中最为重要的因素之一。

人生需要格局，拥有怎样的格局，就会拥有怎样的命运。很多大人物之所以能成功，是因为他们从自己还是小人物的时候就开始构筑人生的大格局。所谓大格局，就是拥有开放的心胸，可以容纳博大的理想，可以设立长远的目标，以发展的、战略的、全局的眼光看待问题。

古今中外，大凡成就伟业者，无一不是一开始就从大处着眼，从内心出发，一步步构筑他们辉煌的人生大厦的。霍英东先生就是其中一位。

香港著名爱国实业家、杰出的社会活动家、全国政协原副主席……这是霍英东先生头上的耀眼光环。透过这些光环，我们能清晰地看到一个有着人生大格局、生命大境界的大写的"人"字。

霍英东幼年时家境贫寒，7 岁前他连鞋子都没穿过。他的第一份工作，是在渡轮上当加煤工……贫寒成了霍英东人生起步的第一课。后来，他靠着母亲的一点积蓄开了一家杂货店。朝鲜战争爆发后，他看准时机经营航运业，在商界崭露头角。1954 年，他创办了立信建筑置业公司，靠"先出售后建筑"的竞争要诀，成为国际知名的香港房地产业巨头、亿万富翁。他的经营领域从百货店到建筑、航运、房地产、旅馆、酒楼、石油。

霍英东叱咤商界半个世纪，他懂得如何经商，但更懂得做人："做人，关键是问心无愧，要有本心，不要做伤天害理的事……"成为巨富后，霍英东从未忘记回报社会："……今天虽然事业薄有所成，也懂得财富是来自社会，也应该回报于社会。"他在内地投资、慷慨捐赠，却自谦为"一滴水"："我的捐款，就好比大海里的一滴水，作用是很小的，说不上是贡献，这只是我的一份心意！"只有拥有人生大格局的人，才能拥有这样博大的"一份心意"。

君子坦荡荡。霍英东上街，从不带保镖，他就像孟子所说的"仰不愧天，俯不愧人，内不愧心"。他的内心，就是这般潇洒、坦荡、伟岸、超然。霍英东在晚年有一句话给人印象特别深刻："我敢说，我从来没有负过任何人！"这句话，他不假思索地脱口而出，"一副满不在乎、轻描淡写的神情，既不带半点自傲与自负，也不显得那么气壮如牛"。

霍英东"从来没有负过任何人"，这是拥有人生大格局、生命大境界的人方能洒脱说出来的。

在中国，从不缺少成功的企业家，也不缺少有钱的富豪，但像霍英东这样赢得公众广泛的爱戴与尊敬的大格局者，却是少之又少。只有拥有心灵、精神大格局的人，才是大企业家、大社会活动家、大实践家，才是具有宽阔胸怀和博大人格的大写的人；只有这样的人，才有深刻的人生使命感、崇高的社会责任感，才有人格大魅力，才有人间大眼界，才能屹立在历史的正前方，赢得世人的敬仰。

格局有多大，人生的天空就有多精彩。每一个想成功的人，都要拥有一个大格局，都要懂得掌控大局。如果把人生比作一盘棋，那么人生的结局就由这盘棋的格局决定。在人与人的对弈中，舍卒保车、飞象跳马……种种棋着就如人生中的每一次拼搏。相同的将士象，相同的车马炮，结局却因为下棋者的布局各异而大不相同，输赢的关键就在于我们能否把握住棋局。要想赢得人生这盘棋局，就应当站在统筹全局的高度，有先予后取的度量，有运筹帷幄之中而决胜千里之外的方略与气势。棋局决定着棋势的走向，我们掌握了大格局，也就掌控了大局势。通过规划人生的格局，对各种资源进行合理分配，才可能更容易获得人生的成功，理想和现实才会靠得更近。人生每一阶段的格局，就如人生中的每一个台阶，只有一步一步地认真走好，才能够到达人生之塔的顶端。

人，应该为自己寻求一种更为开阔、更为大气的人生格局！

第四章

一个人走得快，
一群人才能走得远

第一节 走出一个人的天地

人与人，在互惠中成长

人生就像是战场，人与人之间有时候难免要处于互相对立的位置，但是人生毕竟不是战场。战场上敌对双方中的一方不消灭对方就会被对方消灭，生活却不必如此，不用争个鱼死网破，两败俱伤。

运动场上非赢即输的角逐、学习成绩的分布曲线向我们灌输非此即彼的思维方式，于是我们常常通过输赢的"有色眼镜"看人生。倘若不能唤醒内在的知觉，只为了争一口气而奋斗，人与人一辈子都只会拼个你死我活。从来不去用互惠双赢的思维解决问题，无论是对个人还是对整体，这将是多么大的损失。

互惠互利的思维鼓励我们在解决问题时，要共同探讨，以便能够找到切实可行并令所有人受惠的方法。现在已经不是一个"天下唯我独尊"的时代，人们更倾向于达到一种共荣共赢的状态。有这样一个故事，真假且不去分析，从中你可以更深刻地明白何谓共赢。

在美国的一个小村子里，住着一个老头，他有三个儿子。大儿子、二儿子都在城里工作，小儿子和他在一起，父子相依为命。

突然有一天，一个人找到老头，对他说："尊敬的老人，我想把你的小儿子带到城里去工作。"老头气愤地说："不行，绝对不行，你滚出去吧！"这个人说："如果我给你儿子找的对象，也就是你未来的儿媳妇是洛克菲勒的女儿呢？"老头想了想，终于，让儿子当上洛克菲勒女婿这件事打动了他。过了几天，这个人找到洛克菲勒，对他说："尊敬的洛克菲勒先生，我想给你的女儿找个对象。"洛克菲勒说："快滚出去吧！"这个人又说："如果我给你女儿找的对象，也就是你未来的女婿是世界银行的副总裁，可以吗？"洛克菲勒同意了。

又过了几天，这个人找到了世界银行总裁，对他说："尊敬的总裁先生，你应该马上任命一个副总裁！"总裁先生说："不可能，这里这么多副总裁，我为什么还要任命一个副总裁呢，而且还必须是马上？"这个人说："如果你任命的这个副总裁是洛克菲勒的女婿，可以吗？"结果自然可知，总裁先生同意了。

人与人，在互惠中寻求共赢。共赢思维是一种基于互敬、寻求互惠的思考框架与心意，目的是获得更多的机会、财富及资源，而非敌对式竞争，既非损人利己，亦非损己利人。

所以，大家好才是真的好，大家赢才是真的赢。人与人相处，应该像离开水的螃蟹，螃蟹在陆地上也可以生存，不过离开水的时间不能太久，所以它们需要不停地吐泡沫来弄湿自己和伙伴。一只螃蟹吐的沫是不大可能把自己完全包裹起来的，但几只螃蟹一起吐泡沫连接起来就形成了一个大的泡沫团，它们也就营造了一个能够容纳自己的富含水分的生存空间，彼此都争取到了生存的机会。

告别"独行侠"时代，你才可以"笑傲江湖"

工作中，有人自视甚高，以为做事"舍我其谁"。他们喜欢单干，如高傲的"独行侠"一般，以自我为中心，极少与同事沟通交流，更不会承认团队对自己的帮助。

有人也许会有疑问：有些天才就是特立独行的，他们也取得了巨大的成就，伟大的成就有时候就是需要别具一格啊！是的，在一些领域里，具有非凡天赋和付出超人努力的人会取得巨大的成就，比如梵·高和爱因斯坦。但是再有才华的人取得的成就也是以前人的成就为基础的，而且在企业里，这样的人是不可能取得长期成功的，苹果电脑的创始人之一史蒂夫·乔布斯正是其中的代表人物。

美国航天工业巨头休斯公司的副总裁艾登·科林斯曾经评价乔布斯说："我们就像小杂货店的店主，一年到头拼命干，才攒那么一点财富。而他几乎在一夜之间就赶上了。"乔布斯22岁开始创业，从赤手空拳打天下，到拥有2亿多美元的财富，他仅仅用了4年时间。不能不说乔布斯是有创业天赋的人。然而乔布斯因为独来独往，拒绝与人团结合作而吃尽了苦头。

他骄傲、粗暴，瞧不起手下的员工，像一个国王高高在上，他手下的员工都像躲避瘟疫一样躲避他。很多员工都不敢和他同乘一部电梯，因为他们害怕还没有出电梯之前就已经被乔布斯炒鱿鱼了。

就连他亲自聘请的高级主管——优秀的经理人、前百事可乐公司饮料部前总经理斯卡利都公然宣称："苹果公司如果有乔布斯在，我就无法执行任务。"

对于二人势同水火的形势，董事会必须在他们之间决定取舍。当然，他们选择的是善于团结的斯卡利，而乔布斯则被解除了全部的领导权，只保留董事长一职。对于苹果公司而言，乔布斯确实是一个大功臣，是一个才华横溢的人才，如果他能和手下员工们团结一心的话，相信苹果公司是战无不胜的，可是他选择了"独来独往"，不与人合作，这样他就成了公司发展的阻力，他越有才华，对公司的负面影响就越大。所以，即使是乔布斯这样的出类拔萃的开创者，如果没有团队精神，公司也只好忍痛舍弃。

事实上，一个人的成功不是真正的成功，团队的成功才是最大的成功。对于每一个职场人士来说，谦虚、自信、诚信、善于沟通、团队精神等一些传统美德是非常重要的。团队精神在一个公司、在一个人事业的发展过程中都是不容忽视的。

松下公司总裁松下幸之助访问美国时，《芝加哥邮报》的一名记者问他："您觉得美国人和日本人哪一个更优秀呢？"这是一个相当尴尬的问题，说美国人优秀，无疑伤害了日本人的民族感情；说日本人优秀，肯定会惹恼美国人；说差不多，又显得搪塞，也显示不出一个著名企业家应有的风度。

　　这位聪明的企业家说："美国人很优秀，他们强壮、精力充沛、富于幻想，时刻都充满着激情和创造力。如果一个日本人和一个美国人比试的话，日本人是绝对不如美国人的。"美国记者十分高兴："谢谢您的评价。"正当他沾沾自喜的时候，松下幸之助继续说："但是日本人很坚强，他们富有韧性，就好像山上的松柏。日本人十分注重集体的力量，他们可以为团体、为国家牺牲一切。如果10个日本人和10个美国人比试的话，肯定可以势均力敌，如果100个日本人和100个美国人比试的话，我相信日本人会略胜一筹。"美国记者听了目瞪口呆。

　　"没有完美的个人，只有完美的团队"，这一观点已被越来越多的人所认可。每个人的精力、资源有限，只有在协作的情况下才能达到资源共享。

　　单打独斗的年代已经一去不复返，只有懂得合作的人才能借别人之力成就自己，并获得双赢。朋友，你想成为真正的笑傲职场的"英雄"吗？那就彻底告别"独行侠"的角色吧。

第二节 你的胸怀，就是你的世界

胸襟开阔方能成就伟业

有一个男孩有着很坏的脾气，于是他的父亲就给了他一袋钉子，并且告诉他，每当他发脾气的时候就钉一根钉子在后院的围篱上。

第一天，这个男孩钉下了 37 根钉子。慢慢地，每天钉下钉子的数量减少了。他发现控制自己的脾气要比钉下那些钉子来得容易些。

终于有一天，这个男孩再也不会失去耐性乱发脾气了。他告诉他的父亲这件事，父亲告诉他，现在开始每当他能控制自己的脾气的时候，就拔出一根钉子。

一天天地过去了，最后男孩告诉他的父亲，他终于把所有钉子都拔出来了。

父亲握着他的手来到后院说："你做得很好，我的好孩子。但是看看那些围篱上的洞，这些围篱将永远不能恢复成从前的样子。你生气的时候说的话将像这些钉子一样留下疤痕。如果你拿刀子捅别人一刀，不管你说了多少次对不起，那个伤口将永远存在。话语的伤痛就像真实的伤痛一样令人无法承受。"

男孩通过钉钉子和拔钉子，学会了一堂重要的人生之课：宽厚容人。

一个能够成就一番事业的人，一定是一个心胸开阔的人。人要成大事，就一定要有开阔的胸怀，只有养成了坦然面对、包容他人的习惯，才会在将来取得事业上的成功与辉煌。无论你一生中碰到如何不顺利的环境，遭遇到如何凄凉的境界，你仍然可以在你的举止之间，显示出你的包容、仁爱的心态，你的一生将受用无穷。

胸襟开阔的人，虽然没有雄厚的资产，但其在事业上的成功机会，较之那些虽有资产却缺乏吸引力和缺乏"人和"的人要多，因为他们不仅到处受人欢迎，而且能得到别人的帮助。

一个只肯为自己打算盘的人，会受人鄙弃。其实，你可以将自己化作一块磁石，来吸引你所愿意吸引的任何人到你的身旁——只要你能在日常生活中，处处表现出爱人与善意的精神。

举世都喜欢胸怀宽大的人。假使你打算多交些朋友，你一定要能宽宏大量。

应该常去说说别人的好话，常去注意别人的好处，不要把别人的坏处放在心上。

如果对别人常常吹毛求疵；对于别人行为上的失误，常常冷嘲热讽——你该留意，这样的人大多是危险的人物，这样的人往往不太可靠。

具有宽广的心胸的人，看出他人的好处比看出他人的坏处更快。反之，心胸狭隘的人，目光所及都是过失、缺陷，甚至罪恶。轻视与嫉妒他人的人，心胸是狭隘的、不健全的。这种人从来不会看到或承认别人的好处。而胸襟开阔的人，即使憎恨他人时也会竭力发现对方的长处，并由此而包容对方。

胸襟有多大，成就就有多大

如同千人千面，人的度量也是千差万别的。有的人豁达大度，"将军额上能跑马，宰相肚里能撑船"；有的人睚眦必报，锱铢必较，你碰我一拳我一定踢你一脚。

人非圣贤，谁能没有七情六欲，即使是讲究"跳出三界外，不在五行中"的佛门中人，也还要常常念叨"出家人以慈悲为怀，善哉！善哉！"为的是时时提醒自己宽容大度。何况凡尘中人。

义青禅师尚未正式开示说法前，曾在法远禅师处求法。有一次，法远禅师听闻圆通禅师在邻县说法，便让义青禅师去圆通禅师那里求法。

义青禅师极不愿意，他认为圆通禅师并不高明，又不愿违逆法远禅师，便不情不愿地去了。但到了圆通禅师那里，义青禅师并不参问，只是贪睡。

执事僧看不过去，就告诉圆通禅师说："堂中有个僧人总是白天睡觉，应当按法规处理了。"

圆通禅师一向只听执事僧讲听者的虔诚，还不曾听说谁在堂上睡觉，便很惊讶地问："是谁？"

执事僧回答："义青上座。"

圆通禅师想了想，便说："这事你先不要管，待我去问一问。"

圆通带着拄杖走进了僧堂，果然看到义青正在睡觉。圆通禅师便敲击着义青禅师的禅床呵斥说："我这里可没有闲饭给吃了，以后只会睡大觉的上座吃。"

义青禅师却似刚睡醒般地问道："和尚叫我干什么？"

圆通禅师便问："为什么不参禅去？"

义青禅师回答："食物纵然美味，饱汉吃来不香。"

圆通禅师听出义青禅师话里的机锋，说："可是不赞成上座的有很多人。"

义青禅师则胸有成竹地回答："等到赞成了，还有什么用？"

圆通禅师听其言谈，知其来历一定不凡，就问："上座曾经见过什么人？"

义青禅师回答："法远禅师。"

圆通禅师笑道："难怪这样顽赖！"

随之，两人握手，相对而笑，再一同回方丈室。义青禅师因此而名声远扬。

圆通禅师能够让法远禅师敬重，并要求义青禅师前去听法，很可能就是因为圆通禅师的容人雅量。义青禅师在圆通禅师面前的自信，多少显示出对圆通禅师的轻视。圆通禅师在询问过程中不会没有察觉。倘若圆通禅师没有容人的雅量，不能对义青禅师

决定上限的
是你的格局和情商

的轻慢一笑置之，估计义青禅师是免不了被扫地出门的。但是幸运的是，义青禅师遇到的是能够容人的圆通禅师，圆通禅师不仅能够容忍他的轻慢之举，而且能够肯定他，抬举他，给他应有的地位。

有容乃大，忍者无敌。很多时候一个人之所以能够被人敬仰，受人尊敬，不在于他的能力有多高，相貌有多体面，知识有多渊博，而在于他有宽广的胸襟，能够容人之不能。这种人，不会因他人对自己的轻慢，而轻易对他人进行否定。

一个人度量的大小，固然与他的思想修养、道德水平、文化程度、社会经历乃至脾气性格都有关系，然而远大的理想抱负和广博的境界则是开阔胸襟的根本原因。

境界是可以后天修炼的，度量也是可以变化的，随着社会经历的日渐丰富和生活环境、社会地位的变化，度量在思想锻炼和修养培养的过程中也会不断发生变化。度量小的可能变得宽容大度，度量大的也可能变得小肚鸡肠。

西方近代天文学之父弟谷也曾是一个度量狭小的人。他念书时，因为在一个数学问题上与一个同学发生了争吵，最后竟与人决斗。在决斗中，弟谷的鼻子被对方的剑刃削掉，为了维护容貌，后来不得不装上个假鼻子。从这次遭遇中，他意识到度量狭小的害处，就开始改变自己处世的态度。后来，他无私地援助开普勒研究天文，并容忍了他的误解和无礼。开普勒后来回忆说：自己之所以发现行星运动的规律，完全得益于弟谷的大度和提挈。

俗话说："最大的是心，最小的也是心。"但有的人心胸狭窄，容不得他人强过自己，容不得他人轻视自己，这样就只会使自己局限于一隅，难以有所建树。而对于一个想有所作为的人而言，唯有宽大容物才能成就自己。胸襟宽广，就能够团结一切人，能够成就大事。正所谓有多大胸襟就有多大成就。

你可以不信，但不必排斥

法国的启蒙思想家伏尔泰说："虽然我不同意你的观点，但我誓死捍卫你说话的权利。"这是西方人对尊重个体与尊重自由的呐喊。而在东方，讲究的是包容，是海纳百川，是泽被万物，是儒家这一主体思想对外来佛教的包容与融合。是接受彼此的差异化，求同存异，是和谐共处，因此这一文化之源流几千年不断绝。

星云大师谈到佛教传到中国时，颇有感慨地说道：中国和佛教始终是和谐的。佛教文化被悠久的中华文化所接纳，并且继续发扬光大，成为中国的佛教。佛教对得起中国，中国也不负佛教，正是两者之间相互的包容造就了这和谐的一切，接着，大师说了一句朴实却振聋发聩的话：你可以不信，但不必排斥。这不仅适用于对宗教的信仰，也适用于每个人为人处世，待人接物。做人需要求同存异。

在喜马拉雅山中有一种共命鸟。这种鸟一个身子却有两个头。有一天，其中一个头在吃美果，另一个头则想饮清泉，由于清泉离美果的距离较远，而吃美果的头又不肯退让，于是想喝清水的

决定上限的
是你的格局和情商

头十分愤怒，一气之下便说："好吧，你吃美果却不让我喝清水，那么我就吃有毒的果子。"结果两个头同归于尽。

还有一条蛇，它的头部和尾部都想走在前面，互相争执不下，于是尾巴说："头，你总在前面，这样不对，有时候应该让我走在前面。"头回答说："我总是走在前面，那是按照早有的规定做的，怎能让你走在前面？"两者争执不下，尾巴看到头走在前面，就生了气，卷在树上，不让头往前走，它趁着头放松的机会，立即离开树木走到前面，最后掉进火坑被烧死了。

无论是两头鸟还是那条头尾相争的蛇，因为不知道求同存异的这个道理，最终导致两败俱伤，受到伤害的终究还是自己。如果那只鸟的一个头能够先让另一只喝到水，再过去吃鲜果，那自己也不是没有什么损失吗？只是哪个先哪个后的问题。人有时候实际上和这两头鸟一样，不愿意让自己的利益受到一点点的损失，别人的一点要求也不能满足，所以到头来自己也是一无所获。

这世上的事物千差万别，人与人之间也存在着众多的差异，生活背景、生活方式、个性、价值观等的差异，让我们的相处也存在着或多或少的困难，无所谓希望或者失望、信任或者背叛，我们所能做的只能是相互尊重、相互包容、求同存异、真诚相对，而不必强求一致。

正是因为这种差异性的存在，在客观上便要求我们要做到"求同存异"，即在寻找相互之间相同的地方的同时，也要尊重相互之间客观存在的差异性，从而实现相互之间的合作。因此，要做到"求同存异"，"尊重"是基础，而且还需要有耐心、能包涵、心胸开阔。如果能将这一条与取长补短、开诚布公协调运用，那么，不仅双方能表达得更为舒畅，而且还能从中学到不少的新东西。

我们要逐渐学会求同存异，保留相同的利益要求，与人相处也要照顾别人的利益，在自己的利益与别人的利益之间求中间值，让自己的利益和别人的利益都得到实现。

如果我们不懂得求同存异，那么，我们就很有可能在面临差异与分歧的时候相互争斗，最终使双方都受到巨大的伤害。在生活和工作中，我们也该本着"求同存异"的原则与他人相处。寻找人与人之间的共同点往往是我们打造良好人际关系的开始，也是求同存异的前提条件，并且在共同点的基础之上相互尊重对方的差异性，只有这样才能与对方进行合作，并且最终取得双赢的局面。

能够包容他人才能被更多人接纳

《易经》的第二卦坤卦的开头有这样一句话："地势坤，君子以厚德载物。"这句话被国学大师张岱年先生认为是国学精华的一颗明珠。而今这句话被广为推崇，它的字面意思是：大地是宽广、包容万物的，君子就应当像大地一样，有厚重的道德能容忍他物。张岱年先生是这样解释这句话的：厚德载物是一种宽容的思想，对不同意见持一种宽容的态度，对中国的思想、学术、文化、社会的发展都起了很大的作用，宽容的态度在中国文化里面起了主导作用，是一种健康正确的思想。

的确如张岱年先生所说，五千年的中国历史其实就是一部宽容发展的历史。中华民族能够长盛不衰，中华文明能够历久弥新，就在于我们的民族精神里闪耀着宽容大度的光辉。从汉朝昭君出塞与呼韩邪单于和亲，到文成公主千里入西藏与松赞干布成婚，从唐太宗对俘获的颉利可汗宽容以待，成就万国来朝的盛世气象，到而今我国宽容日本侵华的累累恶行，呈现中国和善的国际形象……中华民族的历史无不闪耀着宽容的光芒。宽容大度的态度，一直是流淌在我们民族文化中的另一股血液。正是这股血液，成就了中华民族的博大精神，成就了华夏古国的永远年轻。正如张岱年先生所说，中国文化的特点之一就是宽容、博大。

世界发展到今天，很多国家、民族在地球上已经消失。而我们的祖国已经有五千多年的历史了，依然年轻而有活力，就是因为我们的文化是宽容的，我们的民族是宽容的，我们的思想是宽容的。可见，宽容有着多大的作用，对于国家、民族来说，宽容能使国家强盛、民族强大。对于个人来说，宽容能使一个人得到他人的信服和帮助，宽容能成就一个人伟大的理想。

服装界有名的商人马亮是一个善于容人的经营者，他的成功就和自己善于包容不同个性的人才有很大关系。

马亮刚入服装行业的时候，有一次他拿着样衣经过一家小店，却无缘无故地被店主讥讽嘲笑了一通，说他的衣服只能堆在仓库里，再过 10 年也卖不出去。马亮并未反唇相讥，而是诚恳地请教，店主说得头头是道。马亮大惊之下，愿意高薪聘用这位怪人。没想到这人不仅不接受，还讽刺了马亮一顿。马亮没有放弃，运用各种方法打听，才知道这位店主居然是一位极其有名的服装设计师，只是因为他自诩天才、性情怪僻而与多位上司闹翻，一气之下发誓不再设计服装，改行做了小商人。

马亮弄清原委后，三番五次登门拜访，并且诚心请教。这位设计师仍然是火冒三丈，劈头盖脸地骂他，坚决不肯答应。马亮毫不气馁，常去看望他，经常和他聊天并给予热情的帮助。这位怪人到最后，也很不好意思了，终于答应马亮，但条件非常苛刻，其中包括他一旦不满意可以随意更改设计图案，允许设计师自由自在地上班等。果然，这位设计师虽然常顶撞马亮，让他下不了台，但其创造的效益很巨大，帮助马亮建立了一个庞大的服装帝国。

从这个小故事中，我们可以看出宽容的巨大作用。你待人宽宏，你就能得到别人的感激和回报。如果你待人刻薄，不懂宽大为怀、宽能容人的道理，在生活中你就会孤立无援。这位设计师的脾气不可谓不怪异，甚至有点恃才傲物，但是马亮慧眼识金，懂得他的价值所在，对他的缺点和不足一一宽容，使他帮助自己走上了事业的成功之路。

"地势坤，君子以厚德载物"，大地因为宽广，才容得下山川草木、森林河流。一个君子就应该从大自然的启发中，培养自己宽容的胸襟，牢记"厚德载物"这一国学精华的古训。在现实生活中，用自己的一举一动践行"君子以厚德载物"的人生信条。

决定上限的
是你的格局和情商

第三节 与人共赢才会赢得更多

回避恶性竞争，不抢同行"盘中餐"

虽然说没有竞争就没有进步，可是商场之中一旦陷入恶性竞争，就可能会因争权夺利而不择手段。

胡雪岩创业之初很担心因为同行的恶性竞争而阻碍自己事业的发展，所以在他经营阜康钱庄的时候，就一再发表声明：自己的钱庄不会挤占信和钱庄的生意，而是会另辟新路，寻找新的市场。

这样一来，属于同一行业范畴的信和钱庄，不是多了一个竞争对手，而是多了一个合作伙伴。心中的顾虑消除了，信和钱庄自然很乐意支持阜康钱庄的发展。在后来的发展历程中，阜康钱庄遇到发展危机的时候，信和能够主动给予帮助，也是因为当初胡雪岩"不抢同行盘中餐"的正确性所在。

在阜康钱庄发展十分顺利的时候，胡雪岩插手了军火生意。这种生意利润很大，但是风险也大，要想吃这一碗饭，没有靠山和智慧是不行的。胡雪岩凭借王有龄的关系，很快进入军火市场，也做成了几笔大生意。这样一来，胡雪岩在军火界的名声也就越来越响了。

一次，胡雪岩打听到了一个消息，说外商将引进一批精良的军火。消息一确定，胡雪岩马上行动起来了，他知道这将是一笔大生意，所以赶紧找外商商议。凭借胡雪岩高明的谈判手腕，他很快与外商达成了协议，把这笔军火生意谈成了。

可是，这笔生意做成不久，外面就有传言说胡雪岩不讲道义，抢了同行的生意。胡雪岩听了后，赶紧确认。原来，在他还没有找外商谈军火一事之前，有一个同行已经抢先一步，以低于胡雪岩的价格买下了这批货，可是因为资金没有到位，还没来得及付款，就让胡雪岩以高价收购了。

弄清楚情况以后，胡雪岩赶紧找到那个同行，跟他解释说自己是因为不知道，所以才接手了这单生意的。他甚至主动提出，这批军火就算是从那个同行手中买下来的，其中的差价，胡雪岩愿意全额赔偿。那个同行感动不已，暗叹胡雪岩是个讲道义的人。

协商之后，胡雪岩做成了这单生意，同时也没有得罪那个同行，在同业中的声誉比以前更高了。这种通融的手腕让他消除了在商界发展的障碍，也成了他日后纵横商场的法宝。

在商场上，竞争尤为激烈。人们为了达成自己的目的，往往是万般手段皆上阵。有时候，为了挤走同行业的竞争者，甚至会出现价格大战、造谣中伤等情况。这样做，虽然受益的是顾客，但是如果因为竞争而造成了成本不足，导致产品的质量下降，直接受损失的还是顾客。

决定上限的
是你的格局和情商

俗话说："同行是冤家。"但并不是说同行就必须要"打破脸，撕破皮"，互相看不上眼，老死不相往来。而是应该彼此给对方留一些发展空间，这样才能在危机到来的时候达成一致，共渡难关。

每个人的身上都有着属于自己的优点，商场中也是一样的。各家的经营手段不同，其中一定有好的一面可以让大家学习，能够看到对方的优点，回避对方在发展中的不足，这也是有利于大家共同发展的一种手段。

没有永远的敌人：学会妥协，力求共赢

英国前首相丘吉尔曾说过："世界上没有永远的敌人，也没有永远的朋友，只有永远的利益。"这句话如果引申到商业中，就是说利益是现代所有商业合作的根基。合作是为了从消费满溢的市场中分得一杯羹，从而达到双方都比较满意的效果。因此，双赢成为现代企业合作的最佳状态。

2004年12月8日上午9点，联想集团宣布以12.5亿美元收购IBM个人电脑事业部，收购的范围涵盖了IBM全球台式电脑和笔记本电脑的全部业务。这一为世人所瞩目的收购项目在经过13个月的并购谈判后终于画上了一个圆满的句号。

通过对IBM全球个人电脑业务的并购，联想的发展历程整整缩短了一代人，年收入从过去的30亿美元猛增到100亿美元，一跃成为世界第三大PC制造商。联想也因此成为我国率先进入

世界500强行列的高科技制造业企业，并拥有IBM的"Think"品牌及相关专利、IBM深圳合资公司、位于日本和美国北卡罗来纳州的研发中心、遍及全球160个国家和地区的庞大分销系统和销售网络。

IBM在并购后的股价上涨了2%，并且在新联想中获得了18.9%的股权，成为仅次于联想控股的第二大股东。与此同时，IBM当时的副总裁兼个人系统部总经理史蒂芬·沃德还登上了新联想CEO的宝座，联想的前任CEO杨元庆则当上了新联想董事长。并购后的IBM终于摆脱了沉重包袱，将经营方向转为利润更为丰厚的PC游戏操纵杆的微处理器的制造。对于企业来说，联想收购IBM个人电脑事业部的行为是一种双赢，而长达13个月的并购谈判更是双方相互妥协的结果。从并购金额的最终确定到新联想总部的选址问题，无一不是双方相互妥协的结果，但最后均落在了双方的利益平衡点上。

每一个人，都应该努力拼搏，争取一些对自己有用的东西，但是，努力争取并不代表蛮横抢夺，也不代表咬住不放，而是一种灵活掌握、进退自如的境界，因此，我们要善于妥协。对于生活在缤纷社会中的我们来说，学会适时妥协不仅不会影响到我们的既得利益，很多时候还会让我们的人格魅力得到更好的彰显，从而使双方都得到更多的利益，这就是双赢。小到一个人、一个企业，大到一个民族、一个国家，都应该学会在适当的时候善于妥协，这样的人，才是有谋略的人；这样的企业，才是能够长久发展的企业；这样的民族，才是聪明的民族；这样的国家，才是伟大的国家！

学会妥协就是要告诉我们：发展经济搞企业，不一定什么事情都非要我吃掉你，你吃掉我，有时候适当给竞争对手留一条后路，适当作出一些让步也是一种战略，比如企业兼并、企业重组最终都是双赢的结局。商场上，今天是你的竞争对手，说不定今后会成为你的合作伙伴。不一定要把问题搞得那么僵，各自退一步，也许就能海阔天空，商场跟战场一样，不战而胜为上。在商场上不要把弦绷得太紧，人要留有余地，要站得高，看得远。在很多情况下，你说是"让利"，实际不是，而是共同取得更大的利益，是双赢。

应该为公共利益做些什么

宇宙间的一切生命都相依相存，为了生存，所有人都在争取着自己的利益。但是，我们每个人似乎都更应该问一问自己：我为公共利益做过些什么呢？

有时候我们会在心中把一支优美的乐曲分割成一个个的音符，然后对着每一个声音自问：我是被它征服的吗？答案没有悬念，任何一个再美好的音符也很难刹那间触动人的心弦，而当所有音符跳跃的节奏与心灵合拍时，紧闭再久的心门也会霎时敞开，这就是音乐的神奇魔力。

人与人就像音符与音符一样，完美的融合才能带来完美的效果。若我们只顾着个人利益而忽视了整体的和谐，一串动听音乐中尖锐而突兀的声音又怎么能带来美感？

曾经有一个戏剧爱好者，他不顾亲朋的反对，毅然选择在一处并不热闹的地区，修建了一所超水准的剧院。

剧院开幕之后，非常受欢迎，并带动了周围的商机。附近的餐馆一家接一家地开设，百货商店和咖啡厅也纷纷跟进。

没有几年，剧院所在的地区便成为商业繁荣地带。

"看看我们的邻居，一小块地，盖栋楼就能出租那么多的钱，而你用这么大的地，却只有一点剧院收入，岂不是吃大亏了吗？"那人的妻子对丈夫抱怨，"我们何不将剧院改建为商业大厦，也做餐饮百货，分租出去，单单租金就比剧场的收入多几倍！"

那人也十分羡慕别人的收益，便贷得巨款，将自己的剧院改建商业大楼。

不料楼还没有竣工，邻近的餐饮百货店纷纷迁走，更可怕的是房价下跌，往日的繁华不见了。而当他与邻居相遇时，人们不但不像以前那样对他热情奉承，反而露出敌视的眼光。面对现实的境况，那人终于醒悟，是他的剧院为附近带来繁荣，也是繁荣改变他的价值观，更由于他的改变，又使当地失去了繁荣。

成功的人大多都有与人合作的精神，因为他们知道个人的力量是有限的。只有依靠大家的智慧和力量才能办成大事。合作可加速成功，合作可以帮人渡过困境。所以，凡事不要太计较，当你为大家的公共利益付出了自己的心血时，就一定会得到回馈。

第五章

只在大处争高下，
不在小处较短长

第一节 韬光养晦，舍小求大

小处妥协，大处取胜

人的一生，会面临种种的机会与选择，也会遇到许多的冲突与挑战，一个人不可能得到全部自己想要的，很多时候不得不放弃一些无关紧要的东西，不得不对自己的某些利益忍痛割爱。有时，适当地妥协，弯一下腰，可以省掉不少麻烦。

张之洞深谙妥协之道，他不仅善于委曲求全，还深刻理解"小不忍则乱大谋"的道理。所以他常常为了达到自己的目的，不逞一时之强，而是委屈自己适应现实的需要，等到自己积累了坚实的基础之后，再充分发挥才能实现自己的理想，从而达到建功立业的目的。

他在与政敌打交道时，尤其如此。尽管他与李鸿章早有嫌隙，在政见上多有不同，也看不惯李鸿章一味地对外求和的为政策略，更看不起李鸿章不顾全大局，始终维护自己淮军局部利益的做法。但他同时也明白，李鸿章始终不服自己，多次在人前贬抑自己。他认为李鸿章毕竟位高权重，如果自己一味地同他僵持下去，两个人之间就会由嫌隙转化为比较大的矛盾，那样对自己的前程将极为不利。

于是他决定在不牵扯重大问题的前提下，对李鸿章虚与委蛇，尽量不贸然得罪他。他在李鸿章母亲八十寿辰时送去寿文。李鸿章本人七十寿辰时，他更是几乎三天三夜没有睡觉，写了一篇洋洋洒洒的寿文送给李鸿章。在寿文中，张之洞极尽所能地推崇李鸿章，赞扬李鸿章文武兼备，统领千军万马，还赞美李鸿章德高望重、勤于国事，美好的品性深得天下人的敬佩。这篇约5000字的寿文成为李鸿章所收到的寿文中的压卷之作，琉璃厂书商将其以单行本付刻，一时洛阳纸贵。

张之洞正是"小处妥协，大处取胜"的典型例子。也正因为这种灵活的处世态度，他才得以保全自己的实力，最终走向成功。

晚清名臣胡林翼说："能忍人所不能忍，乃能为人之所不能为。"能够忍，就有充分的时间、足够的弹性让自己调整步伐、修正策略。学会有原则地妥协一下，是为了在需要的时候不妥协。

当然，妥协总是需要付出一定代价的，这种代价有时是脸面上的，有时是物质上的，但这种代价不可能是无偿的。如果得不偿失，是没有人会去妥协的。人之所以愿意去妥协，主要还是因为这种妥协能够得到更多的利益。人不能只图虚名，只有具备能在小处妥协、包容的心态，才能在大处取胜。

不争，是最强有力的争

中国古代著名思想家、哲学家老子说："夫唯不争，故天下莫能与之争。"争与不争，只是两种不同的姿态。与人无争者，心境坦然，得与不得，结果无异，这种心态之下，反而所获甚多。不争，就是最强有力的争。

争与不争乃是两种处世的态度：争者摩拳擦掌，不争者平淡处之。老子说："只有无争，才能无忧。"利人就会得人，利物就会得物，利天下就能得天下。从来没有听说过，独恃私利的人，能得大利的。所以善利万民的人，如同水滋润万物而与万物无争，不求所得。所以不争的争，才是上等的策略。

与人无争，与世无争，看似一种消极的避世思想和无奈的做法，但实际上恰到好处的"与人无争"，是一种恬和冲淡的心态，一种知晓进退规则之后的释然，也是一种不急功近利的心机。

王秀之从小的时候就深受家中明哲保身思想的影响。他的祖父王裕，曾任南朝刘宋左光禄大夫，仪同三司。父亲王瓒之，曾任金紫光禄大夫。

王裕当官的时候，徐羡之、傅亮是朝中权臣，王裕却不与他们往来。后来，徐羡之、傅亮因权重为皇帝所杀，王裕没有受到牵连。王裕辞官后，隐居吴兴，给他的儿子王瓒之写信说："我希望你处于与人无争无竞之地。"王瓒之遵循父亲的教导，虽然做到了工部尚书这样的官，却始终没有巴结一个朝中权贵。

此外，父祖的影响、家庭的熏陶使王秀之也养成了一种不媚上、不贪利的品格。

南朝刘宋时，王秀之任著作佐郎、太子舍人。当时褚渊任吏部尚书，深受宋明帝的信任，百官也非常敬佩他。每次朝会，公卿官僚及外国使节，无不对他延首目送。

褚渊看到王秀之气度优雅，神情秀逸，很是喜欢他，想让他成为自己的女婿。吏部尚书在当时专管官吏的考核、奖惩、提拔，权力很大。做吏部尚书的女婿，是一般人求之不得的事。然而，王秀之却不肯为了升迁而违背家训，因此没有答应。于是，他长期只是担任下级官吏。

后来，王秀之做了太子洗马，桂阳王刘休范想征召他任司空从事中郎。当时正值明帝刚死，刘休范自认为是宗亲长者，想要争夺辅佐大臣这个职位。可是辅佐大臣这个职位最终落入他人的手中。刘休范满怀怨恨，于是在自己的驻地招募勇士，修缮器械，广罗士人，准备起兵反叛。

王秀之察觉到刘休范的反叛意图，知道刘休范迟早要起兵造反，于是就推说自己有病，没有应召前往。

刘宋末年，王秀之担任晋平太守之职。晋平这块地盘很富裕。在这里当官的人可以得到很多好处，油水很多。可是王秀之在这里刚刚任职满一年，就对别人说："这个地方很富饶，我已经在这里得到很多好处了。我所得到的俸禄已经足够了，怎么能够长久地停留在这里做官而妨碍国家招纳贤士呢？"于是他上表朝廷，请求让别人来代替自己，被人称为"恐富求归"的太守。

南朝萧齐时，王秀之担任吏部郎，又出任义兴太守，迁职为侍中祭酒，后来又转任都官尚书。在他担任尚书时，他的顶头上司是王俭，但是王秀之从来没有与王俭过分亲密。

身处尔虞我诈的官场之中，人人都想着如何爬得更高，王秀之却始终以一种无争的态度为官、处世。乍一看来，他的行径与这个纷争不断的官场是如此的格格不入，但也正是这种不争与平和，才使他和他的父、祖，甚至还有他的儿子都能在"伴君如伴虎"的朝堂之上，长久地屹立不倒。与那些大起大落的人相比，王秀之一家无疑已经达到了"无人能与之争"的境地了。

做人处事，最难修炼的是这种像王秀之一般的平和心态。事物的发展有其内在的规律，人为的痕迹太重，很容易事与愿违。王秀之的可贵之处在于堂堂正正做人，老老实实干事，无论是做小官还是赴重任，都不卑不亢，不媚上、不欺下，有道是"心底无私天地宽"。

权力场上变化无常，欲免于忧患，获得成功，应保持一种淡泊的心境。权力常常是求而不得，不求却自然而来。"与人无争"说到底是智慧的"退"，而"无人能与之争"则是聪明的"进"。

决定上限的
是你的格局和情商

第二节 学会低头，才能出头

有时就当回"老二"

历史上很多有才华的人结局都不太好，这是因为他们时时事事都要争做"老大"，风头出尽了，亏也吃了不少。静下来想一想，何必非要为"老大"争个头破血流，有时就当回"老二"，其实未为不可。

萧何是汉高祖刘邦的重要谋臣。刘邦进入关中以后，因萧何在行政管理、户籍管理方面很有一套，颇得民心。当时关中百姓只知有萧何，不知有刘邦。萧何的一个门客提醒他说："您不久就要被灭族了，您占据高位，功劳第一，是人臣之极，不可能再得到皇上的恩宠。可是您自进入关中后，得到了百姓的拥护，深得民心，现在你的威望居然盖过了皇上，我想他绝对不会坐视不理的。"

不久，南方少数民族起兵反汉，刘邦率军亲征，留吕后及萧何守关中，萧何趁机强占民田、豪宅，强夺他人妻女为婢妾，一时间，民怨沸腾，怨声载道。高祖凯旋还朝时，老百姓拦路控诉萧何。高祖心中有说不出来的高兴，只是表面上斥责萧何说："你自己去处理吧！"从此不再担心萧何会"谋反"了。

在刘邦看来，曾经才华横溢的萧何不过是个贪财好色的小人，这样的人有何德何能与他刘邦争夺天下，无怪乎刘邦会放下心来。萧何为自己制造了几条弱点，以"老二"身份自居，成功保住了一家大小的性命。

与萧何相比，颍考叔就因为争做"老大"枉送了自己的性命。

郑庄公准备伐许。战前，他先在国都组织比赛，挑选先行官。众将一听露脸立功的机会来了，都跃跃欲试，准备一显身手。

颍考叔与公孙子都是有名的武将，二人在前几项比赛中过关斩将，无论是击剑还是射箭，都激起台下一片叫好声。

两人顺利杀入"决赛"，庄公派人拉出一辆战车来说："你们二人站在百步开外，同时来抢这部战车。谁抢到手，谁就是先行官。"公孙子都跑到一半时，脚下一滑，跌了个跟头。等爬起来时，颍考叔已抢车在手。公孙子都哪里服气，提腿就来夺车。颍考叔一看，拉起车飞步跑去，庄公忙派人阻止，宣布颍考叔为先行官。公孙子都怀恨在心。

颍考叔果然不负庄公之望，在进攻许国都城时，手举大旗率先从云梯冲上许都城头，那一马当先的气势让其他将领相形见绌。眼见颍考叔大功告成，公孙子都嫉妒得心里发疼，竟抽出箭来，搭弓瞄准城头上的颍考叔射去，颍考叔没能挡住这突如其来的暗箭，被射中心窝，从城头栽下来。另一位大将瑕叔盈以为颍考叔被许兵射中阵亡了，忙拿起战旗，指挥士卒冲城，终于拿下了许都。

在公孙子都这种善妒的小人面前争做"老大"，无异于自取灭亡。

如果你认为自己才华横溢，一定要做到不露锋芒，甘居"老二"，这样既能有效地保护自己，同时又能充分发挥自己的才华。

总之，要分清楚什么是真正的"聪明"，什么是真正的"愚蠢"。把自己强行放到"老大"的位置，到头来只会讨人厌，让自己从"老大"落到"老三""老四"……直至走向毁灭。平心静气当回不完美的"老二"，这是一种做人的心机，也是一种处世的智慧。

不以卵击石，在后退中积蓄成功的力量

《老子》第三十六章写道："将欲歙之，必固张之；将欲弱之，必固强之；将欲废之，必固兴之；将欲夺之，必固与之。"老子这句话体现出卓越的变通思想，为了捉住敌人，首先要放纵敌人，放长线才能钓大鱼。

世间之事，有些贵在神速，有些则需放慢脚步，有时甚至需要回过头向后退一步。"缓兵之计"中的"缓"就是后退的意思。后退是一种暂时的妥协，并不是怯懦，而是调整，是要为下次的进攻赢得缓冲的时间。

汉惠帝六年，相国曹参去世。陈平升任左丞相，安国侯王陵做了右丞相，位在陈平之上。

王陵、陈平并相的第二年，汉惠帝死，太子刘恭即位。少帝刘恭还是个婴儿，不能处理政事，吕太后名正言顺地替他临朝，

主持朝政。

吕太后为了巩固自己的统治，打算封自己娘家的侄儿为诸侯王，首先征询右丞相王陵的意见。王陵性情耿直，直截了当地说："高帝（刘邦的庙号）在世时，杀白马和大臣们立下盟约，非刘氏而王，天下共击之。现在立姓吕的人为王，违背高帝的盟约。"

吕后听了很不高兴，转而征询左丞相陈平的看法。陈平说："高帝平定天下，分封刘姓子弟为王，现在太后临朝，分封吕姓子弟为王也没什么不可以。"吕后点了点头，十分高兴。

散朝以后，王陵责备陈平为奉承太后愧对高帝。听了王陵的责备，陈平一点儿也没生气，

陈平看得很清楚，在当时的情况下，根本不可能阻止吕后封诸吕为王，只有保住自己的官职，才能和诸吕进行长期的斗争。因此，眼前不宜触怒吕后，暂且迎合她，以后再伺机而动，方为上策。

事实证明，陈平采取的斗争策略是高明的。吕后恨直言进谏的王陵不顺从她的旨意，假意提拔王陵做少帝的老师，实际上夺去了他的相权。

王陵被罢相之后，吕后提升陈平为右丞相，同时任命自己的亲信辟阳侯审食其为左丞相。陈平知道，吕后狡诈阴毒，生性多疑，栋梁干臣如果锋芒太露，就会因为震主之威而遭到疑忌，导致不测之祸，必须韬光养晦，使吕后放松对自己的警觉，才能保住自己的地位。

决定上限的
是你的格局和情商

吕后的妹妹吕须恨陈平当初替刘邦谋划，擒拿她的丈夫樊哙，多次在吕后面前进谗言："陈平做丞相不理政事，每天老是喝酒，和侍女玩乐。"

吕后听人报告陈平的行为，喜在心头，认为陈平贪图享受，不过是个酒色之徒。一次，她竟然当着吕须的面，和陈平套交情说："俗话说，妇女和小孩子的话，万万不可听信。您和我是什么关系，用不着怕吕须的谗言。"

陈平将计就计，假意顺从吕后。吕后封诸吕为王，陈平无不从命。他费尽心机固守相位，暗中保护刘氏子弟，等待时机恢复刘氏政权。

公元前180年，吕后一死，陈平就和太尉周勃合谋，诛灭吕氏家族，拥立代王为孝文皇帝，恢复了刘氏天下。

陈平可谓是在"后退中积蓄力量"的典型例子。正因为他不以卵击石，表面服从，暗中积蓄力量，才有了后来灭吕氏家族而恢复刘氏的局面。

实力悬殊的情况下，"以卵击石"并不是明智之举。所以，行事万不可冲动，在"大兵压境"时，可先暂时采取某种保守后退的姿态与做法，在保守、后退中创造条件、积蓄力量。即便受点委屈，退回曾经走过的路上，只要保住了实力，就是好的。待到条件和力量具备，时机成熟时，再"发起进攻"，就好像拳击比赛中运动员先将拳头向后缩回，不是懦弱逃避，而是为了更有力地挥拳出击那样。

中国著名政论家、出版家邹韬奋说："有志于某种事业者，与其临渊羡鱼，毋宁退而结网。结网无他，即对于某种事业所需要的能力加以充分准备。"生活的智者们不会在形势不利于自己的时候去硬拼硬打，他们会先"退一步"，为自己积蓄力量赢得机会，从而可以"前进十步"。

外露的聪明不如深藏的智慧

《道德经》中说："绝圣弃智，民利百倍。"充分表明老子反对标榜圣人，反对卖弄智慧的思想。老子认为：人们如果不卖弄聪明才智，本来还会有和平安静的生活，但这种平静却被一些标榜圣人、标榜智慧的"才智之士"搅乱了。世人都渴望聪明，但是他们不知道，有太多的人为聪明所累、所误。

《红楼梦》中，一曲《聪明累》暗示了王熙凤的命运和结局，人们一方面惊叹于她治家的才能、应付各色人等的技巧，一方面又感慨于她悲惨的人生结局。她就是因"心机"太重而遭悲惨结局的典型。

"聪明反被聪明误"这句话，点出了很多人失败的根源。的确，一个人太聪明难免会遭到别人的嫉恨和非议，甚至引来祸端。历史上和现实生活中的这种例子比比皆是。三国时期的杨修就是因喜欢卖弄聪明而最终遭祸的。

杨修是曹操门下掌库的主簿。此人生得单眉细眼，貌白神清，博学能言，智识过人。但他自恃其才，竟小觑天下之士。

一次，曹操令人建一座花园。快竣工了，监造花园的官员请曹操来验收察看。曹操参观完花园之后，是好是坏是褒是贬没说，只是拿起笔来，在花园大门上写了一个"活"字，便扬长而去。一见这情形，大家犹如丈二和尚，摸不着头脑，怎么也猜不透曹操的意思。杨修却笑着说道："门内添'活'字，是个'阔'字，丞相是嫌园门太阔了。"官员认为杨修说得有道理，立即返工重建园门，改造停当后，又请曹操来观看。曹操一见重建后的园门，不禁大喜，问道："是谁猜透我的意思？"左右答道："是主簿杨修。"曹操表面上称赞杨修聪明，其实内心已开始忌讳了。

又有一次，塞北送来一盒酥饼给曹操，曹操没有吃，只是在礼盒上亲笔写了三个字"一合酥"，放在案头上，自己径直出去了。屋里其他人有的没有理会这件事，有的不明白曹丞相的意思，不敢妄动。这时正好杨修进来看见了，便走向案头，打开礼盒，把酥饼一人一口分吃了。曹操进来见大家正在吃他案头的酥饼，脸色一变，问："为何吃掉了酥饼？"杨修上前答道："我们是按丞相的吩咐吃的。""此话怎讲？"曹操反问道。杨修从容地应道："丞相在酥盒上写着'一人一口酥'，分明是要赏给大家吃，难道我们敢违背丞相的命令吗？"

曹操见又是这个杨修识破了他的心意，表面上乐呵呵地说："讲得好，吃得对，吃得对！"其实内心已对杨修产生厌恶之感了。可杨修还以为曹操真的欣赏他，所以不但没有丝毫收敛，反而把心智全部用在捉摸曹操的言行上，并不分场合地卖弄自己的小聪明，从而也不断地给自己埋下了祸根。

曹操与刘备对垒于汉中，两军相持不下。曹操见连日阴雨，粮草将尽，又无法取胜，心正烦恼。这时士兵来问晚间的口令，曹操正呆呆看着碗内鸡肋思想进退之计，便随口答道：鸡肋！

当"鸡肋"这个口令传到主簿杨修那里，他自作聪明，怂恿兵士们收拾行装准备撤兵。兵问其故。杨修说：鸡肋鸡肋，弃之可惜，食之无味。今丞相进不能胜，恐人耻笑，明日必令退兵。于是大家都相信了。这件事被曹操知道后，曹操便以蛊惑军心之名砍了杨修的头。

杨修之智，实非大智慧，其修养、其境界、其为人处世之道，皆非成大事者。可见，过于卖弄聪明就会成为众矢之的，而摆正自己的位置，厚积薄发，在适当的时机表现出来，才是成事之道。正如英国著名外交家切斯特·菲尔德所说的那样："要比别人聪明，但不要让他们知道。"外露的聪明远不如深藏的智慧更有实际意义。

众所周知，在音乐的世界中，技巧很重要，但不是最重要的，过多的花哨技巧只会减弱情感的表达。人生也是如此，人人都玩弄聪明才智，只会让世界繁杂凌乱，绝圣弃智，才能朴实安然地生活。20几岁的年轻人应该懂得，摒弃小聪明方能显出大智慧。

赠人玫瑰，手有余香

莎士比亚说："上天生下我们，是要把我们当成火炬，不是照亮自己，而是照亮别人。"我们活在这个世界上，就要懂得怎样去爱别人，怎样丰富自己的生命，同时也去享受别人的爱给自己带来的无尽的快乐与活力。

1854 年，英、俄在克里米亚开战，出身名门的南丁格尔亲自奔赴前线。她替伤员清洗、消毒、包扎、按时换药、改善伙食，还经常跪在地上擦洗地板，洗涤带血的衣裤。每天晚上她都要提一盏灯，在四千里的巡诊线上挨个查看病情，给伤员唱歌，送去安抚和爱心，从无间断。士兵为了表示对她的感谢，不再骂人，不再举止粗鲁。夜静时，南丁格尔手持油灯巡视病房，士兵竟躺在床上亲吻她落在墙壁上的身影。

她经常工作 20 小时以上，累得头发掉光仍然坚持不懈。她注意士兵的伤口是否换药了，是否得到了适当的饮食。她安慰重病者，并督促士兵往家里写信并把剩余的钱给家里寄去，以补助家庭生活。她自己还寄了几百封信给死亡士兵的家属。由于她的努力，伤员的死亡率从 60% 降为 0.3%。后来，直到英、俄停战，最后一名士兵离开战场，她才回到家园。

有鉴于此，国际红十字会在她逝世后，将她的生日 5 月 12 日定为"国际护士节"。"提灯女郎"南丁格尔被称为"英国历史上最伟大的女人"。

人的一生，做什么也许并不重要，重要的是能否造福于更多的人。一个人，让自己幸福很容易，让身边的人都幸福才是最大限度地实现了人生价值。

1921 年，路易斯·劳斯出任星星监狱的典狱长，那是当时最难管理的监狱。可是 20 年后劳斯退休时，该监狱却成为一所提倡人道主义的机构。研究报告将功劳归于劳斯，当他被问及该监狱改观的原因时，他说："这都是因为我已去世的妻子——凯瑟琳，她就埋葬在监狱外面。"

凯瑟琳是三个孩子的母亲。劳斯成为典狱长时，每个人都警告她千万不可踏进监狱，但这些话拦不住凯瑟琳。第一次举办监狱篮球赛时，她带着三个可爱的孩子走进体育馆，与服刑人员坐在一起。

她的态度是："我要与丈夫一道关照这些人，我相信他们也会关照我们，我不必担心什么！"

一名被定为谋杀罪的犯人瞎了双眼，凯瑟琳知道后便前去看望。

她握住他的手问："你学过点字阅读法吗？""什么是'点字阅读法'？"他问。

于是她教他阅读。多年以后，这人每逢想起她都会流泪。

凯瑟琳在狱中还遇到一个聋哑人，为了这个人，她到学校学习了手语。许多人说她是耶稣的化身。在 1921 年至 1937 年之间，她经常造访星星监狱。

后来，她在一桩交通事故中丧生。第二天劳斯没有上班，代理典狱长暂代他的工作。消息似乎立刻传遍了监狱，大家都知道出事了。

接下来的一天，她的遗体被运回家，她家距离监狱只有 400

米的路程。代理典狱长早晨惊愕地发现，一大群看来凶悍、冷酷的囚犯，竟齐集在监狱大门口。他走近一看，见有些人脸上带着眼泪。他知道这些人极尊敬凯瑟琳，于是转身对他们说："好了，各位，你们可以去，只要今晚记得回来报到！"然后他打开监狱大门，让一大队囚犯走出去，在没有守卫的情形之下，走3/4里路去见凯瑟琳最后一面。结果，当晚每一位囚犯都回来报到了，无一例外！

选择善行，其实就是选择成功与财富。

只有真心才会赢得真心，如果没有人与人之间真诚的互助，整个世界都会变得如冰窖一般寒冷，毫无生气和希望。

第三节 你当善良，也要有点锋芒

善良没有长出牙齿，那就是软弱

为人不能太善太软，否则会给人以软弱可欺的感觉，自然而然会经常受到他人言谈举止的戏弄与伤害。人可以温和，可以做好人，但不可以软弱，不可以做滥好人，就如同杯子留有空间就不会因加进其他液体而溢出来，气球留有空间便不会因再灌进一些空气而爆炸，做人做事给自己留下空间，便不会让自己落个吃力不讨好的结局。

一位曾以助人为乐趣的老好人唠叨说：

"能帮上忙，我很快乐，但是我也不想因帮忙而得到不尊重的对待。有回午夜时分一个陌生的太太说要将她的 3 个孩子送来我家，且要我负责上下学、伙食和床边故事，还说是对我放心才让我带。另一回，也是带人家的小孩，小孩的父亲怪我伙食不行，还说我没教孩子英文、珠算、数学！还有一次，人家托我带孩子，说好晚间 8 点准时到，结果我等到 12 点还没到！打电话去问，说是'误会'，就不了了之。上班时，会计小姐在年度结算，托我帮忙，我算得头昏脑胀，那小姐却喝茶快活去了，最后还怪我算

决定上限的
是你的格局和情商

太慢，害她被老板骂。"

这个老好人已经在被人欺负了，这就是过度善良的后果。可见，凡事都往自己身上揽，唯恐得罪人的结果就是不仅加重别人对你的依赖，也加重了自己的负担，弄得自己不堪重负。就算是超人，有三头六臂，我们也不可能在所有的事情上让所有的人都满意，如果你总是怕对方不满意，谨小慎微地察言观色，揣摩别人的心思，你迟早会把自己折磨死。

一旦那些别有用心的人摸透了你想面面俱到的弱点，便会软土深掘，得寸进尺地索求，因为他们知道你不会生气，于是你就会变成人人看不起、人人都来捏的"软柿子"。

在某大学的一个班级里，有一位学生比较老实，喜欢帮助他人，遇到自己的正当利益被侵犯的时候也不反击，而是采取忍让策略，因此，虽然班里绝大多数同学对他并无恶意，但在不知不觉中总会把他当作一个理所当然地应该牺牲个人利益的人，看电影时，他的票被别人拿走，春游时他要负责看管包儿的任务……但在实际上，他心里非常渴望与别人一样，得到属于自己的那份利益与欢乐。由于他的老实软弱和极度的忍耐，这种情况一直持续了很久。终于有一天，他忍无可忍了，一向木讷的他来了个总爆发，起因是一场十分精彩的演出又没有他的票。他脸色铁青，大发雷霆，激动的声音使所有人都惊呆了。虽然那场演出的票很少，但是这位同学还是在众目睽睽之下拿走了两张票，摔门而去。大家在惊讶之余似乎也领悟到了什么。在后来的日子里，大家对他的态度似乎好多了，再也没有人敢未经他的同意便轻易地拿走他的什么东西了。

人生在世，待人接物，和颜悦色、与人为善并没有错，因为大多数情况下，善良的人还是占多数的，大家还是可以和和气气地相处的。然而，工作、生活中也少不了各种各样的矛盾，但矛盾只要不是很尖锐，更多地还是相安无事。所谓凡事好商量，有话好好说，都是人们待人接物中常有的温和态度和常用的退让方法。

但是，你在任何时候都采用温和的手段，社会上有的人就是欺软怕硬、得寸进尺，把你的妥协退让当成软弱可欺。你越是好言相劝，苦口婆心地讲道理，他越是不依不饶。在这样的情况下，就不应该继续当好人了，而是应该采取强硬的态度和手段。

出手要快，看人要准

在人生的大风大浪中，要想自保就得学会两手：快和准。快，即是在风浪到来之前找一条可以避风的船；准，即是找条坚固的巨舰。有了这两手，再大的风浪对你来说也都不是问题了。

明代奸相严嵩，弄权行奸，罕有敌手。他当政20多年，把嘉靖帝玩弄于股掌之中，群臣只能听任他的摆布。

一时间，严嵩父子权倾朝野，人们无不趋奉他们。

有一年，严嵩过生日时，宜春县令刘巨塘进京拜见皇帝后，随众多官吏前往严府为严嵩祝寿。严嵩十分傲慢，他随意招呼过众人，便命人把大门关上，禁止任何人出入。

刘巨塘来不及出府，被关在严府中，时近中午也无人安排酒食。他饥渴交加，只得在府中乱转。

这时，严家的仆人严辛把刘巨塘领到自己的住处，用丰盛的酒食招待他："我家主人怠慢大人了，小人若能让大人不责怪我家主人，小人才稍感安心。"

刘巨塘十分惶恐，忙道："我官小职微，无足轻重，蒙你家主人接待，已万分荣幸了，哪敢责怪呢？"

严辛笑了笑："大人真的没有怨言吗？"

刘巨塘生怕严嵩有意让严辛试探自己，马上重申说："我真心为你家主人祈福，哪有怨言可发？你太多心了。"

严辛摇头说："此地就你我二人，大人不必讳言了。我虽为严家仆人，但也知世故人情，故而和大人倾心交谈。"

刘巨塘听来，不明其意，只好道："你有何意，请直接讲来，我绝不外传就是了。"

严辛起身，向刘巨塘拱手说："与大人相识，是我的造化，还望大人日后关照于我，不忘今日之情。"

刘巨塘茫然不解说："你家主人如日中天，我只是个小小县令，我能为你做什么事呢？"

严辛为刘巨塘敬酒后，道："我家主人对上恭顺，对下骄慢，以君子自居，却行小人之事，这不是外人可以一眼便见的。我追随他多年，深知他终有败露之时。有一天他大祸上身，我等也势必受到牵连，现在若不趁早寻个依靠，找个退路，到时就晚了。我见大人心地良善，当为可托付之人，故而赤诚相告。"

刘巨塘惊骇不已，随口道："你就这么肯定你家主人要遭祸吗？我实难相信哪。"

严辛郑重说："大人遭他轻视，只此一节，便可察知他的为人真相了，大人还有何怀疑吗？"

刘巨塘心中佩服严辛的见识，嘴里却百般不予承认。

几年之后，严嵩破败，严世蕃被杀，仆人严辛也受牵连而下狱。此时刘巨塘正好在袁州当政，他主理严辛的案子，感念旧情，便将严辛发配边疆，免其一死。

严辛的一双慧眼和果断为保全自己日后的身家性命赢得了机会。他未雨绸缪，提前几年就做好了准备，这就显示了他出手之快；他看人并未走眼，知道刘巨塘日后必会发迹，能够在适当的时候"罩"得住他，这也体现了他看人之准。

出手快，看人准，能同时做到这两点的人，避开祸端绝对不成问题。做人多点"心机"，多为自己着想，绝不会是坏事。

要善于经营，要找准人、找对人提前投资，如果不具有这种忧患意识，恐怕风雨来时就难以躲避了。

适度暴露你的缺点也是优点

在别人面前暴露自己的缺点，需要一定的勇气，但这也是一种制胜的绝招。现实生活中，"要面子"是许多人的通病，这是因为虚荣心所致，他们担心如果别人知道了自己的缺点，自己就会失去些什么。真正会办事的人懂得，适当地暴露缺点，别人会更相信你，事情会办得更顺利。

一般人总以为承认自己的错误是件很丢面子的事，其实事情并非如此，认错也是一门学问。如果你知道别人要批评你，不妨在他说出来之前，自己先主动地做一番自我批评。这样一来，别人十有八九会采取宽容的态度，原谅你的过错。

做房地产推销的戴维先生，有一次承担了一项艰巨的推销工作。

因为他要推销的那块土地紧邻一家木材加工厂，电动锯锯木的噪声使一般人难以忍受，虽然这片土地临近火车站，交通便利。戴维先生想起有一位顾客想买块土地，其价格标准和这块地大体相同，而且这位顾客以前也住在一家工厂附近，整天噪声不绝于耳。于是，戴维先生拜访了这位顾客。

"这块土地处于交通便利地段，比附近的土地价格便宜多了。当然，它紧邻一家木材加工厂，噪声比较大。"戴维先生如实地对这块土地做了认真的介绍。

不久，这位顾客去现场实地考察，结果非常满意："我去观察了一天，发现那里噪声的程度对我来说不算什么，所以我很满意。你这么坦诚，反而使我放心。"

就这样，戴维先生顺利地做成了这笔难做的生意。

由此可以看出，做生意并不一定要有三寸不烂之舌，说出商品的缺点，并不一定就会吃亏，它可能会使你及你的商品更具魅力。

有时，人们要学会适当地犯一点无伤大雅的小错误，暴露一下自己的缺点，不要在同事、领导面前显得过于完美，如果说上级派你去办一件事情，在事情还没有办成之前，你就不能打包票说一切都没有问题，即便真是没有一点问题，那么你也要向上级说中间可能有一点点的小问题，在过程当中会遇到一点点的小困难等，否则，上级肯定会认为你在吹牛，可能会降低对你的信任度。

暴露你的缺点也许让你的面子吃了亏，但这些都是表面的现象。一个人若真想把事情做好，就不应当顾及那些无足轻重的东西，正如例子里戴维所采取的策略。

很多时候，适度暴露你的缺点会给你带来意想不到的机遇。

决定上限的
是你的格局和情商

第六章

高情商大格局，
是高级的领导力

第一节 情商是一种"综合软技能"

真正带给我们快乐的是智慧，不是知识

古希腊哲学家苏格拉底曾说：真正带给我们快乐的是智慧，而不是知识。

什么是知识？知识是那些没有经过自己的思索和感悟而获得的认识和经验。我们从学校、父母、长辈那里学到的一切，从书本杂志、电影电视、朋友闲谈等地方获得的一切信息都是知识。

什么是智慧？智慧是经过自己大脑的思考、心灵感受而获得的能力。智慧无法通过视觉、听觉、味觉、嗅觉、触觉而获得，智慧是思维的"孩子"，不经思考的人无法获得智慧。

★有知识不等于有智慧

一个人可能学富五车，但他不一定是智慧之人，因为他完全可能只是千万次地重复人家的思想，自己却不善思考，不去探究，更不会发明创造。相反，逢人便说自己一无所知的人，倒可能最富智慧。

★掌握很多实用技能也不等于有智慧

一个人学会驾车，学会电脑，但他不一定富有智慧，因为他

很可能是被迫去做，内心却对这些技能毫无兴趣，更谈不上从中悟出智慧。真正的智慧之人，都会对自己所从事的活动深感兴趣，他不是被迫去做，而是自愿去做。还有什么比品尝生活的愉快和乐趣更接近智慧呢？

维特根斯坦是一个天才的哲学家，他是一个传奇。有很多人不明白，他为什么在不同的领域都能获得成功。

他 10 岁就自己做了一台缝纫机，当时就已经了不起了，因为很多科学家都没有这样的成绩；22 岁就获得了飞机发动机的一些专利；"一战"的时候他照样和普通子弟一样应征入伍，一边打仗，一边却写了本关于哲学的书。完书的时候，才 29 岁，这本书被后世誉为哲学界自柏拉图以来最重要的一本专著。

维特根斯坦的父亲是个亿万富翁，维特根斯坦把他所继承的遗产全部送给别人，跑到小乡村当小学教师，他发现那里没字典，于是又一个人编了一本有影响力的工具书。后来他又做了建筑师，成为一个后现代建筑流派的主要设计师。

他的经历让人们瞠口呆，这当然是和他的智商分不开的，有一次维特根斯坦让罗素判断他是不是天才："如果不是，我就去开飞艇；如果是天才，我就会成为哲学家。"结果罗素告诉他无论如何不用去开飞艇。

维特根斯坦的事例告诉我们，他是一个高智商的人，但如果他从来不开发自己的智商，那么他也会跟一般人一样。最重要的是，他知道怎么把高智商变成自己的财富，成就自己，也造福人类，所以他不仅是一个智商方面的天才，更是一个高情商的人。

哲学家马可·奥勒留对自己说："不要分心，不要虚有学问的外表而丧失自己的思想，也不要成为喋喋不休或忙忙碌碌的人。"可见，他是一个懂得区分知识和智慧的人，他追求的是智慧，而非知识。

知识是人类对有限认识的理解与掌握，而智慧是一种悟，是对无限和永恒的理解和推论。因此，博学家与智者是两种不同类型的人，智者掌握的知识不一定胜过博学家，但智者对世界的理解一定深刻得多。

知识是有限的，再多的知识在无限面前也会黯然失色。智慧是富于创造性的，其不被有限所困，面对无限反而显得生机勃勃。

学习知识是智育的首要目标，但不应该是最终的目标。学校的目的不在于为学习知识而学习知识，知识应该为人的发展奠定基础。

在澳大利亚的一个牧场中，人们看到有三个大学生在那里打工。这三个人都是名牌大学的毕业生。人们都非常惊异：居然让大学生来看管家畜！他们在学校接受的教育是要做领导众人的领袖，而现在却在这里"领导"羊群。牧场主人雇用的这些学生，虽然满腹经纶，能说好几门外语，可以讨论深奥的政治经济学理论，可是，要说挣钱却不能和一个没有上过学的人相比。

牧场主整天谈论的只是他的牛羊、他的牧场，眼界十分狭隘，但他能够赚大钱，而那些大学生连谋生都很困难。这其实是一场

"有文化和没文化、大学和牧场的较量"，而后者总是能够占上风。

大学生在这场"较量"中失利就是因为他们只是拥有知识而牧场主却懂得赚钱的智慧。

我们都听说过"买椟还珠"的寓言故事，一个过分雕饰的盒子和一颗光彩照人的珠宝，哪一个更有价值，不言而喻。

而在人生中，追求虚有其表的学问，而没有自己独到判断和见解的人又何尝不是在舍本逐末，在珍贵的人生旅途中"买椟还珠"？

其实，大部分人之所以拥有强烈的获取知识的欲望，是因为对无知的恐惧、对人生的不安。那些见多识广的人，在危机的关头往往能沉着应对，拥有智慧的人生才是踏实的。但虚有学问的外表的人，终究是为了取悦他人而活着。

让我们的一切行为符合生命本质，摒弃外表让人眼花缭乱的光荣和浮华，追求心灵的提升，寻找真正的智慧，才是我们要做的事。

高情商的人能管理他人的情绪

哈佛学者说："能够管理他人情绪的人是高情商之人。"所谓管理他人情绪，是指在准确识别他人情绪的基础上，用自己的情商影响他人的能力。这当中识别他人情绪是管理他人情绪的首要环节，不能正确认识别人的真正意图就不能很好地对他人施加影响力。

★高情商的人能管理他人的情绪，哪怕是对手

美国总统林肯因在南北战争中实现了国家的统一和黑人奴隶的解放而一直备受美国人的尊崇。甚至，他在各方面的言行都成为后人的楷模。但即便是伟大的林肯，也有因忍无可忍而失态的时候。

有一次，他与另一位政治人物因政见不合而反目，林肯当时气得大骂："他就是我的死敌！我要干掉他！"但令人惊讶的是，几天后人们发现那个让林肯恨得咬牙切齿的政治家，居然与林肯谈笑风生，俨然如好友一般！

于是有人就问林肯："他不是你的政敌吗？你不是要干掉他吗？"林肯泰然道："不错，我是要干掉这个敌人。现在把他变成我的朋友，那个'敌人'不等于被我'干掉'了吗？"

由"政敌"到"朋友"的转变，就是林肯管理对方情绪的过程。情商的高低直接影响这种管理他人的能力，情商高的人，万事操之在我；情商低的人，处处受制于人。

★高情商的人能影响他人，因此更受欢迎

绝大多数的人会认为人际关系是令他们头痛的麻烦事儿，奇怪的是你越觉得它讨厌，你就越不容易搞好它。于是，我们会羡慕一些总受人们喜欢的人，不知他们的成功秘诀在哪儿。其实，差别就在于你是否能管理他人的情绪并影响他人。高情商者不仅会受到他人的喜爱，更易得到别人的帮助，因为他们很受众人的欢迎。

斯巴达克斯是个奴隶，因为不堪忍受奴隶主惨无人道的压迫，率领奴隶起义，得到成千上万奴隶的响应。

后来，起义失败，许多奴隶被俘虏。一位以胜利者自居的将军指着背后的十字架，趾高气扬地说："谁指认出斯巴达克斯，我就可以免除他一死。"奴隶们沉默了良久，一位奴隶站了出来，说："我就是斯巴达克斯！"

在这位将军还没有反应过来的时候，又有一个奴隶站了起来说："我是斯巴达克斯！"紧接着，一大片奴隶都站了起来，大声说道："我就是斯巴达克斯！"洪亮的响声回响在大地和白云之间。

是什么力量让奴隶宁肯去死，也不愿意说出谁是真正的斯巴达克斯？是因为斯巴达克斯受到他们的欢迎、热爱与敬重，斯巴达克斯能管理他们的情绪并有效地影响他们，使他们心中形成一个伟大的友谊，他们愿意为了这份友谊奉献自己的生命。

美国总统富兰克林年轻的时候把所有的积蓄都投资在一家小印刷厂里。他很想获得为议会印文件的工作，可是议会中有一个极有钱又能干的议员，非常不喜欢富兰克林，并公开斥骂他。这种情形对富兰克林的经营非常不利，因此，他决心使对方喜欢他。

富兰克林听说这个议员的图书馆里有一本非常稀奇而特殊的书，于是他就写一封信给这位议员，表示自己想一睹为快，请求他把那本书借给自己几天，好让他仔细阅读。这位议员马上叫人把那本书送来。过了大约一星期的时间，富兰克林把书还给那位议员，并还附上一封信，强烈表达了自己的谢意。

于是，当他们再次在议会里相遇时，那位议员居然主动跟富兰克林打招呼，并且极为有礼。自此以后，这位议员对富兰克林的事非常乐于帮忙，他们变成了很好的朋友，这段友谊维持了一生。

富兰克林的故事在向我们展现一个高情商者的魅力，他能够发现他人的情绪，并利用他人的情绪，让对方成为自己的朋友。

那么，什么方法才能更好地处理他人情绪呢？

★正确处理他人情绪的方法共有三个步骤：接受、分享、肯定

——接受。接受是注意到对方有情绪、接受有这份情绪并如实告诉他。接受不是批判，不是否定，不是表示不耐烦，也不是忽视，接受就是"我愿意接受你这个样子，我愿意和你沟通"的意思。这种接受往往能让你更好地与他人沟通。

——分享。永远先分享情绪感受，后分享事情的内容。就算对方反复或坚持先说事情的内容，也需要巧妙地把话题先带到情绪感受的分享，情绪感受未处理，谈事情细节不会有效果，往往只会使对方的情绪更大。帮助对方描述他的情绪，并告诉他那是应该有的感觉。

——肯定。应该对不适当的行为设立规范，就是说，勾画出一个明确的框架。里面是可以理解或接受的部分，并就这些可以接受的部分给对方以肯定。给予肯定使对方保留了他们的尊严和自信，他们会更愿意听从你的意见。框架外面则是不能接受或者

没有效果的东西，应该明确向对方提出。所有的感觉及所有的期望都是可以被接受的，但并非所有的行为都可被接受。

综上所述，情商的高低决定一个人是否能影响到他人，并利用他人的情绪，而这一切都将决定你在人群当中的地位及受欢迎程度。

智商诚可贵，情商"价"更高

成功不仅取决于个人的谋略才智，在很大程度上还取决于正确处理个人的情绪与别人情绪之间关系的能力，也就是自我管理和调节人际关系的能力。

人类在关于怎样才能成功的问题上从来不曾停止过探索的脚步。爱看电影的人们一定都会记得《阿甘正传》，这是一部好莱坞大片，男主角汤姆·汉克斯更是凭借它而一举夺得奥斯卡"小金人"。

影片中的男主角名叫"Forrest Gump"，他从小就是一个有点行动不便的男孩，准确地说是有点残疾。然而不幸的事情不只这样，他的母亲到处为他找学校，却没有一所学校愿意接收他，原因在于他的智商只有75。但是后来Forrest的表现让每位观众都为之感动。他凭借执着、善良、守诺、勇敢的个性，一度成为美国人民心中的英雄。

故事也许是虚构的，而它却向我们揭示了这样一个道理：智商的高低与人生的成就不能直接画等号！阿甘的重情重义、执着乐观的个性，是他成功的重要因素，这便是来自情商的魅力。

关于成功，有一个秘密：成功的人往往不是因为知识多么丰富，而是因为他们的心智成熟。

事实上，高智商者不一定取得成功，情商在人生成就中起着不可忽视的作用。情商的高低，可以决定一个人的其他能力，包括智商能否发挥到极致。情商比智商更重要，如果说智商更多地被用来预测一个人的学业成绩的话，那么，情商则能被用于预测一个人能否取得事业上的成功。优异的学业成绩，并不意味着你在生活和事业中能获得成功。而且从我们的个人体验来说，我们也喜欢那些乐于帮助别人并且平易近人的人，而不是古怪的科学家。

1936年9月7日，世界台球冠军争夺赛在纽约举行。路易斯·福克斯的得分一路遥遥领先，只要再得几分便可稳拿冠军了，就在这个时候，他发现一只苍蝇落在了主球上，他挥手将苍蝇赶走了。可是，当他俯身击球的时候，那只苍蝇又飞回到主球上，他在观众的笑声中再一次起身驱赶苍蝇。

这只讨厌的苍蝇破坏了他的情绪，而且更为糟糕的是，苍蝇好像是有意跟他作对，他一回到球台，它就又飞回到主球上来，引得周围的观众哈哈大笑。路易斯·福克斯的情绪恶劣到了极点，他终于失去了理智，愤怒地用球杆去击打苍蝇，球杆碰到了主球，裁判判他击球，他因此失去了一轮机会。路易斯·福克斯顿时方寸大乱，连连失利，而他的对手约翰·迪瑞则愈战愈勇，终于赶上并超过了他，最后拿走了桂冠。

第二天早上，人们在河里发现了路易斯·福克斯的尸体，他投河自杀了！

这个悲剧告诉我们，低情商者往往会做出很多不理智的事情，处于情绪低潮当中的人们，容易迁怒周遭所有的人、事、物。情绪的控制，有待智慧的提升，而这种智慧的提升则是情商的提升。

有些人在潜力、学历、机会各方面都相当，后来的际遇却大相径庭，这便很难用智商来解释。曾有人追踪 1940 年哈佛的 95 位学生中的成就（相对于今天，当时能够上哈佛的人比上不了哈佛的人，差异要大得多），发现以薪水、生产力、本行业位阶来说，在校考试成绩最高的不见得成就最高，对生活、人际关系、家庭、爱情的满意程度也不是最高的。

波士顿大学教育系教授凯伦·阿诺德曾参与上述研究，她指出："我想这些学生可归类为尽职的一群，他们知道如何在正规体制中有良好的表现，但也和其他人一样必须经历一番努力。所以当你碰到一个毕业致词代表，唯一能预测的是他的考试成绩很不错，但我们无从知道他适应生命顺逆的能力如何。"

另有人针对背景较差的 450 位男孩子做同样的追踪，他们多来自移民家庭，其中 2/3 的家庭仰赖社会救济，住的是有名的贫民窟，有 1/3 的智商低于 90。研究同样发现智商与其成就不成比例，譬如说智商低于 80 的人里，7％失业 10 年以上，智商超过 100 的人同样有 7％失业 10 年以上。就一个四十几岁的中年人来说，智商与其当时的社会经济地位有一定的关系，但影响更大的是儿童时期所培养的处理挫折、控制情绪、与人相处的能力。

总之，智商对于我们固然重要，但是如果少了情商，你将会失去人生中最重要的部分。

聪明人≠成功者

智商曾一度统治成功学的领域，人们在感慨谁智商高谁就能成功的同时，不禁有些迷茫，原因在于发生在我们身边的一个个高智商神话的破灭。

人们应该还能够回忆起清华大学高才生刘海洋泼熊事件，不绝于耳的国内高等学府的学生因不堪各种压力跳楼自杀，因一点小事而愤然用刀砍死同学的事情……太多的天之骄子的言行让我们震惊，我们不禁要问：难道是这些学生不够聪明？

这是一个不言而喻的结论，因为我们都明白问题的根源不在于他们的智商，而是他们不懂控制自己的情绪，以致情绪失控；不知道调整自己的心理状态，于是在面对人生逆境时选择了结束自己的生命。或者这些伤害他人的高智商人物的悲剧，本来可以避免，或者他们将来可能会取得更加卓越的成就，但因为情商不高，最终做出了令人扼腕叹息的事情。

年轻时，莫奈还只是一个汽车修理工，当时的处境离他的理想还差得很远。一次，他在报纸上看到一则招聘广告，休斯敦一家飞机制造公司正向全国广纳贤才。他决定前去一试，希望幸运

决定上限的
是你的格局和情商

会降临到自己的头上。他到达休斯敦时已是晚上，面试就在第二天进行。

吃过晚饭，莫奈独自坐在旅馆的房中陷入了沉思。他想了很多，自己多年的经历历历在目，一种莫名的惆怅涌上心头：我并不是一个低智商的人，为什么我老是这么没有出息？看看自己身边的人。论聪明才智，他们实在不比自己强。最后，他发现，和这些人相比，自己缺少一个特别的成功条件，那就是情绪经常对自己产生不良影响。

他第一次发现了自己过去很多时候不能控制的情绪，比如爱冲动、遇事从不冷静，甚至有些自卑，不能与更多的人交往等。整个晚上他就坐在那儿检讨，他总认为自己无法成功，却从不想办法去改变性格上的弱点。

于是，莫奈痛定思痛，做出一个令自己都很吃惊的决定：从今往后，绝不允许自己再有不如别人的想法，一定要控制自己的情绪，全面改善自己的性格，塑造一个全新的自我。

第二天早晨，莫奈一身轻松，像换了一个人似的，满怀自信前去面试，很快，他便被录用了。两年后，莫奈在所属的公司和行业内建立起了很好的名声。几年后，公司重组，分给了莫奈可观的股份。

莫奈也许是个聪明人，但在没有认清自己的缺点之前，他是一个低情商的人。当认清自己的时候，他离高情商已经不远了，所以他成功了，可见，一个聪明人不一定成功，但高情商的人成功的概率却会很大。

事实已经证明，情商对人的成功有着至关重要的作用。在许多领域卓有成就的人当中，有相当一部分人在学校里被认为智商并不高，但他们充分发挥了他们的情商，最终获得了成功。

有这样一个笑话，问：一个"笨蛋"15年后变成什么？

答案：老板。

从某种意义上说，这个答案再正确不过了。即使是"笨蛋"，如果情商比别人高明，职场上的表现也可能胜出一筹，他的境况自然会大为改观。许多证据显示，情商较高的人在人生各个领域都占尽优势，无论是人际关系，还是事业等方面，其成功的概率均比较大。

此外，情商高的人生活更有效率，更易获得满足，更能运用自己的智能获取丰硕的成果。反之，不能驾驭自己情绪的人，自身内心激烈的冲突，削弱了他们本应集中于工作的实际能力和思考能力。也就是说，情商的高低可决定一个人其他能力（包括智力）能否发挥到极致，从而决定他有多大的成就。

可见，许多人一直生活在底层苦苦跋涉，并不是因为他们的智商有问题，而是因为他们没有意识到情商在一个人成功路上的重要性。智商的后天可塑性是较小的，而情商的后天可塑性是很高的，个人完全可以通过自身的努力成为一个情商高手，到达成功的彼岸。

请记住，哈佛人告诉我们："聪明人不等于成功者。"

第二节 情商成就影响力

提高情商，提高影响力

曾经认为一个人能否在一生中取得成就，智力水平是第一重要的，但现在心理学家们普遍认为，情商水平的高低对一个人能否取得成功也有着重大的影响作用，有时其作用甚至要超过智力水平。提高情商，也是提高影响力的一个重要方面。

情商是一种能力，是一种创造，又是一种技巧。既然是技巧就有规律可循，就能掌握，就能熟能生巧。只要我们多点机智，多点磨炼，多点感情投资，我们就会像"情商高手"一样，营造一个有利于自己生存的宽松环境，建立一个属于自己的交际圈，创造一个更好发挥自己才能的空间。

生活中，我们经常见到有人发脾气，也经常看到有人因为发了脾气，而把事情搞得一团糟，其中的原因不是这个人的能力不够，更不是这个人缺乏沟通的能力，而是因为这个人情商太低，不善于控制情绪，因此才以 1% 的阴霾，导致最后 100% 失败的。

美国石油大王洛克菲勒就是一个能正确对待自己坏心情的阳

光人士，而他的对手恰恰是因为不能控制这 1% 的坏心情，导致了最后的失败。

洛克菲勒有一次遇到官司，在法庭上一直保持着冷静的状态，在面对对方律师粗暴的询问时，一直都保持着一种很平和甚至是不动声色的态度。正是这样不动声色的态度让他赢得了这个艰难的官司，并一举挫败了对手的阴谋。

在法庭询问时，对手的律师态度明显地怀有恶意，甚至有羞辱之意，可以想象，当时洛克菲勒的心情有多么糟糕，如果这个时候他也发怒，必将掉入对方设计的陷阱之中，不过洛克菲勒很聪明，他明白这个时候控制自己的情绪有多么重要，自己千万不能和对方的律师一样鲁莽，更不能让自己这种气愤的心情有所流露。

"洛克菲勒先生，我要你把某日我写给你的那封信拿出来。"对方律师很粗暴地对他说。洛克菲勒知道，这封信里面有很多关于美孚石油公司的内幕，而这个律师根本就没有资格问这件事情，不过洛克菲勒先生并没有进行任何反驳，只是静静地坐在自己的座位上，没有任何表示。

此时，对方的律师心情已经坏到了极点，甚至有点暴跳如雷了，整个法庭寂静无声，除了对方律师的咆哮声。

最后，对方的律师因为情绪激动失控，把真相说漏了嘴，被法官当场听到，最终结果可想而知，而洛克菲勒不仅赢得了官司，还在美国人眼中留下了一个很有风度的形象。

决定上限的
是你的格局和情商

在这里，不是说对方的证据有多么的不充分，他们其实是输在情绪上，一个律师最重要的是要处变不惊，沉着应对各种问题，即使出现了自己无法控制的局面，也不能一时情急而把重要的事实泄露了，这样不仅会给委托人带来重大的损失，也会给自己的声誉抹黑。试想，如果对方的律师也能像洛克菲勒一样冷静而客观地应对这些场面，那么他手上所掌握的资料绝对有可能使他胜诉。

有人曾经说过："如果某人情绪不稳，甚至怒不可遏，我总觉得，对于我自己来说不但没有坏处，反而会对我的地位产生帮助。"

这句话不是无道理的。当一个人完全被自己的情绪控制时，他的情商是处于最低值的，而这时他作出的各种判断往往都不会给自己带来好的结果。

一个人心情不好，情绪波动是很正常的，也是很必要的，但关键就要看你有没有抓住时机，有没有在恰当的场合以一种恰当的方式表现出来，如果表现得当，将是一种具有很高价值的动力，相反，将会是一股破坏力极大的力量。所以，一个高情商的人一定是一个阳光的人，一个能自控的人。

靠精神的力量"呼风唤雨"

与权力不同，影响力不是强制性的，它是一种让人乐于接受的控制力。影响力是一种出色的个人能力和综合素质，是一个人在群体中价值的集中体现。如果用天体来比喻的话，吸引力好比耀眼的流星，灿烂却快速消逝，而影响力如恒星，有着长久广泛深刻的魅力。一个人有了吸引力，可以说他成功，但有了影响力，则会被认为是伟大。

任何人都不能摆脱影响力的作用，所以生活给我们的选择题就是：要么你去影响他人，要么你被他人影响。很多人不甘于做后者，所以他们很希望把自己锻炼成一个精神上的领袖，让自己随时都能影响到别人，发挥出自己的作用。

可是，精神领袖并不是人人都可以当的。因为，想要成为精神领袖，让周围的人们追随你，形成一个凝聚人心、催人奋进、具有强大吸引力的领导核心，仅仅依靠体制和职务赋予的权力是远远不够的。它还应该建立在由宽广的胸怀、完美的领袖艺术、高尚的人格魅力等方面构成的个人权威之上。

一个人影响力的塑造，往往离不开形象、道德情操、知识素养等。事实上，每个人的言谈举止都是他影响力的体现。因此，一个人的道德、权力滥用、心理失调、思想僵化等不仅会破坏自身的形象，还会对个人影响力的提升起到一定的制约作用。

我们必须学会不遗余力地提升自己的精神感召力，才能让别人心甘情愿地追随你、为你做事：如果你是一个领导，那么就必须有很强烈的精神感召力，才能让你的下属心甘情愿地听你指挥、调度；如果你是一个普通人，也需要让人感受到你的精神魅力，这样才能在自己的圈子里树立威信，让别人尊敬你、爱护你，并

决定上限的
是你的格局和情商

且在你需要的时候，给你提供帮助。

精神力量能让人与人之间达到共通。所以，要想在社交场内"呼风唤雨"，就必须要依靠自己的精神魅力打动他人。

要影响先了解，做"察言观色"的高手

每个人都有自己的想法，但并不是每个人都会将自己的想法暴露，在与人交往时，不同的人会有不同的态度，有的人你愿意亲近，你觉得他值得做朋友，而有的人则相反，所有的这些，你如何迅速地判断和识别呢？

其实，要想了解他人并不难，你只需要从对方的一言一行中去捕捉一点一滴的信息，以此来判断对方的想法。早在古代，孟子就曾说过："观其眸子，人焉廋哉！"意思就是说：想要观察一个人，就要从观察他的眼睛开始。因为一个人的想法常常会从眼神中流露出来，同时还可以通过对方的一举一动看透对方的内心。这些其实也是人际交往时必须具备的能力，这样不但能使沟通交流变得畅通，而且还会为你提供切实的帮助。

要想影响他人就要先了解他人，而这就需要学会察言观色。一个人的想法往往会通过他的态度及动作流露出来，只要我们仔细地观察他人，即学会察言观色，便可以了解他人的想法。

春秋时期齐国的宰相管仲深明察言观色之道，等到适当的时机再从旁进谏。但是有一次，他稍不小心，就触到齐桓公的"逆鳞"。

管仲审核国家预算支出的情况，发现宴客费用居然高达2/3，其他部门的经费只有1/3，难怪会捉襟见肘、效率不高。他认为这太浪费，此风断不可长。于是，管仲立刻去找桓公，当着众臣的面说："大王，必须裁减执行费用，不能如此奢侈……"

　　话未说完，桓公面色大变，语气激动地反驳说："你为什么也要这样说呢？想想看，隆重款待那些宾客的目的是使他们有宾至如归的感觉，他们回国后才会大力地替我国宣传；如果怠慢那些宾客，他们一定会不高兴，回国后就会大肆说我国的坏话。粮食能够生产出来，物品也能制造出来，又何必要节省呢？要知道，君主最重视的是声誉啊！"

　　"是！是！主公圣明。"管仲不再强争，即刻退下。

　　管仲的机智与聪明就在于他善于察言观色。如果换作是其他忠义好辩的人士，继续抗争下去，可以想象会有什么后果。

　　事实上，在与人交往时也应这样，要想让他人为己所用，就要注意顺着对方的心意，不可逆犯对方的忌讳。否则非但达不到目的，还会使自己处于非常尴尬的局面。所谓"出门观天色，进门看脸色"，尤其是在求人办事时，只有善于从对方的面部表情上作出准确判断，再付诸行动，才会有成功的可能。

　　在社会交往中，尽管每个人的交往动机、要求和期望差别巨大，但仍然有共同的心理原则可言。一般具有以下3条社会交往的心理原则：

1. 交互原则

社会交往的基础是人与人之间的相互重视与相互支持。古人言："爱人者，人恒爱之；敬人者，人恒敬之。"社会交往中，喜欢与厌恶、接近与疏远是相互的。几乎没有人会无缘无故地接纳和喜欢另外一个人，被别人接纳和喜欢必须有一个前提，那就是我们也要喜欢、承认和支持别人。一般来说，喜欢我们的人，我们才会喜欢他们；愿意接近我们的人，我们才愿意接近他们；疏远、厌恶我们的人，我们也会疏远、厌恶他们。

上述情况产生的原因在于每个人都有维护自身心理平衡的本能倾向，都要求社会交往关系保持一定程度的合理性和适当性，并力图根据这种适当性、合理性解释自己与他人的关系。

2. 自我价值保护原则

大量的社会心理学研究表明，每个人心理活动的各个方面都存在一种防止自我价值遭到否定的自我支持倾向。这种倾向反映在社会交往中，就形成了自我价值保护原则。我们在社会交往中应该充分注意这一点，正确理解他人。

3. 同步变化原则

越来越喜欢我们的人，我们也会越来越喜欢他们；越来越不喜欢我们的人，我们也会越来越讨厌他们。我们对别人的喜欢不仅仅取决于别人喜欢我们的量，还取决于别人喜欢我们的水平的变化与性质。这就是社会交往同步变化原则，也被称为人际吸引水平增减原则。

根据人际交往的这些共同心理原则，再与你观察了解到的对方的个人信息相结合，加以分析，就会在与对方的交往过程中占据主动地位，达到掌控对方、影响对方的目的。

如何让别人追随你的思想

你的脑海里或许有很多的想法和创意。但是这些想法往往会为周围的一些老经验所压抑，最终沉寂在大脑之中。

那么，应该如何提升自己的气场，让他人追随我们的思想呢？以下的一些建议可以帮到你。

1. 从思路开始

要改变他人的想法，让对方按照你的思路来思考问题，这不能靠强制的命令来实现，而需要一些有效的技巧来一步步地影响他们。下面有几种方法值得参考：

（1）问封闭式问题。封闭式问题是与开放式问题相对的，这类问题的答案往往是"是"或"不是"，"有"或"没有"，等等，答案只是有限的几个选择。封闭式问题与开放式问题有不一样的作用，封闭式问题可以用来得到你预先设想的答案。例如，你问对方"你有没有结婚"，对方的回答可能是"有"或是"没有"，这两个答案都是你事先可以预见的。你可以事先就想好，如果他回答"有"，你如何继续提问；如果他回答"没有"，你又怎么继续提问。预先设计好的一系列封闭式问题，可以非常有效地引导对方的思路。

（2）"6+1"法则。在沟通心理学上有一个重要的"6+1"法则：一个人在被连续问到6个做肯定回答的问题之后，那么第7个问题他也会习惯性地做肯定回答；而如果前面6个问题都做否定回答，第7个问题也会习惯性地做否定回答，这是人脑的思维习惯。利用这个法则，你如果需要引导对方的思路，希望对方顺从你的想法，可以预先设计好6个非常简单、容易让对方点头说"是"的问题，先问这6个问题作为铺垫，最后再问最重要和最关键的那个问题，这样对方往往会自然地点头说"是"。

（3）目的架构。目的架构式谈话就是在一开始就与对方明确这次谈话双方共同的目的，这会很快地将对方的思路引向真正有价值、有利于解决问题的地方。例如，两辆车发生追尾事故，车子都有了破损，两辆车的司机都很气愤，往往一下车就吵架。如果其中一位能使用目的架构，问对方："这位先生，你觉得我们现在最重要的是解决问题呢，还是吵架呢？"这个问题指出了两名司机重要的不是吵架，而是解决问题。那么双方的争吵就可能会立即终止，因为目的架构将对方的思路完全从争吵的状态引到了解决问题上面来。

让对方顺从你的思路，重要的在于引导。改变别人之前，先改变自己的策略去接纳别人，再把对方引向你所希望的地方。这就是影响他人的一种策略。

2. 了解别人思考的内容

每个人在不同的时刻所思考的内容是千差万别的，了解他人的所思所想，才能更好地了解他的需求和问题，从而引导他的思考方向，并且影响他人。了解他人的思考内容有以下几种方法：

（1）保持空杯心态。它是一种理智和尊重对方的沟通状态。无论对方告诉你他的想法是什么，都要用最为冷静的态度去耐心地倾听，既不打断，也不做任何评论。先把自己杯子里的水倒光，使自己的杯子空出来，才能更好地去装别人要给你的东西。因为每个人的想法都值得尊重，即使他们的想法是错误的，也可能为你提供一些有价值的东西。所以，保持空杯这一谦虚的心态，才能吸收到对方更多的思想并掌握影响他人的方法。

（2）耐心地复述确认。在耐心地倾听完对方说的话之后，简单复述一遍对方所说的重点。这是为了防止误解或曲解对方的意思。歧义经常会使我们无法很好地理解对方的意思，用自己的话去复述确认，既能够表示你对对方的尊重，同时也使术语、省略语、方言等所造成的语言障碍得以解除，使你所接收到的信息更为准确和完整。例如，你可以说"你说的意思是……对吗"，或者"让我来重复一下你的意思，你看看对不对？你的意思是……是吗"，等等。复述确认应该成为谈话中的一种习惯，它会大大提高沟通的效率，同时，也能为影响他人奠定良好的基础。

（3）不要臆测对方的想法。语言是沟通的桥梁，有时也是沟通的障碍。如果我们仅仅根据对方的话直接做判断，或者连对方的话都没有听完就做判断，那么误解对方的可能性就会非常大。随意猜测对方话语的意思，以自己的观点去理解对方的意思，很有可能造成沟通障碍。因此，要时刻牢记：不要去臆测对方的想法。

　　了解对方的思考内容需要的是耐心和细致，这是引导他人思考必不可少的步骤。同时，了解对方的思考内容，可以为影响他人奠定基础，这样也可以更好地把握对方的心理，反过来让对方跟着你的思想走。

第二节 情商高格局大是领导

让幽默为个人魅力加分

有影响力的人士之所以成功，不仅是因为他们付出了比平常人更为艰辛的努力。在实干的基础之上，他们或者以聪明智慧取胜；或者以勤奋俭朴发家；或者机遇适才，时势造人；或者愈挫愈勇，以超人的毅力获得最后的成功。

林肯、丘吉尔、爱因斯坦、卓别林、萧伯纳等人能够成功，能够声誉卓著，除了意志坚强、思维敏捷、机智灵活、自信敢为外，他们还有一个利器——幽默感。

可见，幽默感是有影响力的人士普遍拥有的一种素质。因此，是否具有幽默感，对于一个人的影响力有着不容忽视的作用。在适当时刻巧妙地运用幽默的方法，常常会事半功倍。

大卫是一个极富幽默感的警官，无论什么样的案件或难题，在他手中总能迎刃而解。所以在警署里，他总是受到同事们的青睐。

有一天，一位男子试图制造一件轰动全国的新闻，便爬上纽约国际贸易中心，站在楼顶上，并做出要跳下去的样子。他的行为很快引起了人们的关注，不一会儿，楼下就围满了人，包括各大媒体的记者。局长和警长轮番喊话，并试图救险，那男人总是要挟救他的警察："别过来！谁要是敢过来，我就立刻跳下去！"僵持片刻后，大卫带来了一名医生，他只说了一句话，那男子便默默地走下楼去。大卫说："我不是来抓你的，是这位医生要我来问问你，你跳楼自杀以后，愿不愿意把遗体捐献给医院？"

另有一次执勤的时候，大卫抓住了一个正在被通缉的男扮女装的要犯。警长问他："罪犯男扮女装，掩饰得那么好，你怎么一下子就认出来了？"大卫说："我看他没有女人的习惯。"警长问："什么是女人的习惯？"大卫说："很简单，他走过时装店、食品店和美容院的时候，连看都没朝里看一眼就直接走过去，我就知道这里边一定有问题。"

一位作家写道：幽默是一种成人的智慧，带有一种穿透力。幽默通过会心一笑的方式弥补人际间的思想鸿沟，连接人际间的感情分界，增加人际间的信任。

在一次贸易洽谈中，由于双方都坚持自己的立场而不做任何让步，使洽谈陷入了僵局。主人只好宣布休会。用餐时，站着的主人为坐着的客人斟酒，手一抖，酒杯碰在客人额角，竟将酒浇了客人一头。当时情形十分尴尬，公关小姐见状，从容地举起酒杯，对客人说："让我们为双方的共同利益和友好合作，从头来干一杯！"主客一愣，随即会意地大笑。幽默拉近了双方的距离，贸易洽谈在互谅互让的友好气氛中又开始了。

一句得体的幽默，便能消除人际间的误会和纷争，让人际关系和谐融洽。幽默也是富有感染力和人情味的人际交往传递艺术。一个富有幽默感的人，在人际交往中通常是极富感染力的，在轻松自如的谈吐间、在不知不觉中影响他人的态度或思想。

用诚挚的关切获得别人的喜欢

我们每个人都希望被人喜欢和欣赏，这是人们内心深处的一种渴望。人最强烈的一种欲望就是得到大家的喜爱，只有处处受欢迎才能最大化你的影响力，那么，究竟如何才能学会这种技巧呢？

如果要别人喜欢你，请对别人表现出诚挚的关切。这是西奥多·罗斯福受人欢迎的秘密之一，甚至他的仆人都喜爱他。他的那位黑人男仆詹姆斯·亚默斯，写了一本关于他的书，取名为《西奥多·罗斯福，他仆人的英雄》。

在那本书中，亚默斯讲述了一个个富有启发性的事件：

有一次，我太太问罗斯福关于一只鹑鸟的事。她从没有见过鹑鸟，于是他详细地描述了一番。

没多久之后，我们小屋的电话铃响了。我太太拿起电话，原来是罗斯福本人。他说，他打电话给她，是要告诉她，她窗口外面正好有一只鹑鸟，又说如果她往外看的话，可能看得到。

他时常做出类似的小事。每次他经过我们的小屋，即使他看不到我们，我们也会听到他轻声叫出，"呜，呜，呜，安妮"或"呜，呜，呜，詹姆斯"。这是他经过时一种友善的招呼。

有一天，卸任后的罗斯福到白宫去拜访，碰巧总统和他太太不在。他真诚喜欢卑微身份者的情形全表现出来了，因为他向白宫所有的仆人打招呼，并一一叫出他们的名字来，甚至厨房的小妹也不例外。

"当他见到厨房的亚丽丝时，"亚默斯写道，"就问她是否还烘制玉米面包，亚丽丝回答说，她有时会为仆人烘制一些，但是楼上的人都不吃。'他们的口味太差了，'罗斯福有些不平地说，'等我见到总统的时候，我会这样告诉他。'亚丽丝端出一块玉米面包给他，他一面走到办公室去，一面吃，同时在经过园丁和工人的身旁时，还跟他们打招呼……他对待每一个人，就同以前一样。他们仍然彼此低语讨论这件事，而艾克胡福眼中含着泪说：'这是将近两年来我们唯一有过的快乐日子，我们中的任何人都不愿意把这个日子跟一张百元大钞交换。'"

维也纳一位著名的心理学家阿尔弗雷德·阿得勒，写过一本书，名叫《生活对你的意义》。在那本书里，他说："一个不关心别人、对别人不感兴趣的人，他的生活必然遭受重大的阻碍和困难，同时会给别人带来极大的损害与困扰。所有人类的失败，都是由于这些人才发生的。"

一个只会关心自己的人，永远也不会成为被别人喜欢的人。要成为受人敬重的人，必须将你的注意力从自己的身上转到别人的身上去。哲学家威廉姆斯说："人性中最强烈的欲望便是希望得到他人的敬慕。"这句话对于"别人"同样也适用，他人也希望得到你的敬慕。如果你过于关心你自己，就没有时间及精力去关心别人。别人无法从你这里得到关心，当然也不会注意你。

伍布奇先生是一家公司的总裁、著名的销售专家，当人们问到一个成功的销售员该具备哪些基本条件时，伍布奇先生脱口而出："当然是喜欢别人。还有，一个人必须了解自己公司的产品而且对产品有信心，工作要勤奋，善于运用积极思想。但是，最重要的是他一定要喜欢他人。"

受人欢迎是销售员素质的某种表现形式，因为从某种程度上讲，你在推销产品的同时，也在"推销"自己。当一个人可以真心地喜欢他人时，他一定会招人喜欢。

这个道理也同样运用于生活中，如果你想要获得他人的喜爱，修炼自己的影响力，你首先必须真诚地喜欢他人。这种喜欢必须是发自内心的，而非别有所图。只有当你对别人表现出诚挚的关切时，别人才会真正地喜欢你。

成熟稳重的人更容易获得他人的追随

一个优秀的、拥有强大影响力的人，一定是一个成熟稳重的人。稳重是褪去稚气后的成熟，稳重的人办事的时候有着严谨认真的态度，踏踏实实、不浮不躁。成熟、做事沉稳的人，在工作和生活中更容易得到重用，一展自己的才华。这是因为稳重的人更容易得到别人的信任。

决定上限的
是你的格局和情商

三国时期，鼎鼎大名的谋士诸葛亮便是一个十分稳重的人。翻开《三国演义》，我们便不难发现，诸葛亮从来都不打没有准备的仗，也从来不过早地妄下结论。他做任何事情、任何决定，都是先经过深思熟虑，并对当时的形势有一定的了解和掌握后才开始进行行动的。他稳重的性格也让他几乎是事必躬亲，而且总是能善始善终。这也难怪刘备放心将军中大小事务一一交于诸葛亮治理，甚至在自己弥留之际将自己的儿子刘禅与蜀国也一并托付于他。正是诸葛亮的稳重让刘备对他做事十分放心，并完全信任他。

可见，性格稳重的人往往能获取别人的信任，甚至担负起别人的重托，这样的人也更容易受到他人的追随。因此，要将逆反的个性隐藏，彰显自己做人、做事的沉稳风格，稳妥地将事情做好。

稳重是理性的沉淀，生活需要稳重。稳重能让我们远离厄运、远离诱惑，稳重能让我们拥有智慧。考场上，稳重是一把锁；赛场上，稳重是一面旗；遇到困难时，稳重是希望的曙光。可以说，稳重是人生的一种生存智慧，得到它，我们的人生就能少有挫折，多有收获。

但有的时候，我们觉得稳重很难把握，掌握不好就会变成默默无闻。那么，应如何培养自己稳重的性格呢？下面几点大家应该注意：

第一，给心灵一个沉淀的机会。生活中的烦心琐事就如同水中的灰尘，慢慢地，静静地，它们就会沉淀下来。

第二，保持冷静，从容镇定。生活中，总会有许多让人着急的事情经常使人手忙脚乱，结果，越急越糟糕。所以，我们要保持冷静性情，戒除急躁。无论何时，保持冷静、从容镇定都能使我们更好地洞悉局面，从而做出正确选择。

第三，培养宠辱不惊的心态。洪自诚著的《菜根谭》中有这样一句名言："宠辱不惊闲看庭前花开花落，去留无意漫观天外云卷云舒。"著名人口学家马寅初也曾将这句名言书于自己的书房，以润泽自己的心灵，这也是他对任何事情都宠辱不惊的心态的写照。我们也应保持宠辱不惊的心态，从容镇静。

第四，俯视人生。俯视，可以让我们看透生活的琐碎、人生的匆忙、世事的变化。同样，俯视，也可以让我们的性情变得更加稳重。

第五，给烦躁的心情一些转变的时间。当我们遇到烦恼的事情，不免焦虑不安，心急气躁，这时给心灵一个转变的时间，才能让自己渐渐地摆脱困扰，镇静下来，达到心如止水的境界。

第六，学会独处养生。独处，可以养生；独处，可以让疲惫的身心得到休息；独处，可以解脱自己。学会独处，有利于培养我们的稳重型性格。

如果你有心成为一个稳重的人，又在行动上积极往"稳重"靠拢，自然就会变成一个更成熟、更理性的人，有了让他人信任的稳重气质，你的影响力会渐渐提升，找你帮忙办事的人会多起来，愿意追随你的人也会越来越多。

决定上限的
是你的格局和情商

热情让你的魅力深入人心

热情是驱使一个人永远向上的动力。凭借热情产生的巨大能量，能让你获得更多的朋友，你的人生也将变得更加绚丽多彩。

世界上从来就有美丽和兴奋的存在，它本身就是如此动人，如此令人神往，所以我们必须对它敏感，永远不要让自己感觉迟钝、嗅觉不灵，永远也不要让自己失去那份应有的热忱。

位于台中的永丰栈牙医诊所，是一家标榜"看牙可以很快乐"的诊所，院长吕晓鸣医师说："看牙医一定是痛苦的吗？我与我的创业伙伴想开一个让每一个人快乐、满足的牙医诊所。"这样的态度加上细心考虑患者真正的需求，让永丰栈牙医诊所和一般牙医诊所很不一样。

当顾客一进门时，迎面而来的是30平方米左右的宽敞舒适的等待区。看牙前，可以坐在沙发上，在轻柔的音乐声中，先啜饮一杯香浓的咖啡。

真正进入看牙过程，还可以感受到硬件设计的贴心：每个会诊间宽畅明亮，一律设有空气清洁机。漱口水是经过逆渗透处理的纯水，只要是第一次挂号看牙，诊所一定会替病患者拍下口腔牙齿的全景X光片，最后还免费洗牙加上氟。一家人来的时候，甚至有一间供全家一起看牙的特别室。软件方面，患者一漱口，女助理立即体贴地主动为患者拭干嘴角。拔牙或开刀后，当天晚上，医生或女助理一定会打电话到病患者家里关心患者的状况。一位残障人士陈国仓到永丰栈牙医诊所拔牙，晚上回家正在洗澡，听到电话铃响，艰难地爬到客厅接电话。听到是永丰栈关心的来电，他感动得热泪盈眶，说："这辈子我都被人忽视，从来没有人这样关心过我。"

从一开始就想提供令就诊者感动的服务，吕晓鸣热情洋溢的态度赢得了市场，也增强了竞争力，在同一行业中没有谁能比得上他们的影响力。虽然诊所位于商业大楼的6楼，但永丰栈牙医诊所一开业就吸引了媒体的竞相报道。还有客人老远从台北南下看诊。吕晓鸣在竞争激烈的市场中，创造出了牙医师的附加价值。

在现实生活中，可能很多人都觉得市场经济是冷冰冰的，没有什么人情可言，所以很多人在经济追逐中感受不到温暖，只会觉得恐慌。但是我们的心态是可以调整的，我们的态度是可以改变的。保持一颗热情的心，你就会像一支火炬，感染着身边的每一个人。

人们只有充满热情，才能把工作真正做好，才能把陌生人变成朋友，才能真诚地宽容别人。当你对他人热情时，还怕别人不喜欢你，还怕网罗不到属于自己的人脉吗？

决定上限的
是你的格局和情商

第七章

顺风时可以奔跑，逆风时却能飞翔

第一节 失败不是终点，而是起点

暂时退却弯腰，换取大踏步地前进

哈蒙是美国著名的矿冶工程师，毕业于耶鲁大学，又在德国的佛莱堡大学拿到了硕士学位。可是当哈蒙带齐了所有的文凭去找美国西部的大矿主赫斯特的时候，却遇到了麻烦。那位大矿主是个脾气古怪又很固执的人，他自己没有文凭，所以就不相信有文凭的人，更不喜欢那些文质彬彬又专爱讲理论的工程师。当哈蒙前去应聘递上文凭时，满以为老板会乐不可支，没想到赫斯特很不礼貌地对哈蒙说："我之所以不想用你就是因为你曾经是德国佛莱堡大学的硕士，你的脑子里装满了一大堆没有用的理论，我可不需要什么文绉绉的工程师。"聪明的哈蒙听了不但没有生气，相反心平气和地回答说："假如你答应不告诉我父亲的话，我要告诉你一个秘密。"赫斯特表示同意，于是哈蒙对赫斯特小声说："其实我在德国的佛莱堡并没有学到什么，那三年就好像是稀里糊涂地混过来一样。"想不到赫斯特听了笑嘻嘻地说："好，那明天你就来上班吧。"就这样，哈蒙运用了必要时以退为进的策略，轻易地在一个非常顽固的人面前通过了面试。

决定上限的
是你的格局和情商

也许有人认为哈蒙那样做不太合适，但不得不承认哈蒙的做法既不伤害别人又能把问题解决。就拿哈蒙来说，他贬低的是自己，他自己的学识如何，当然不在于他自己的评价，就是把自己的学识抬得再高，也不会使自己真正的学识增加一分一毫；反过来，即使贬得再低，也不会使自己的学识减少一分一毫。

后退是为了更好地前进，是为人之学中不可多得的一条锦囊妙计。你先表现得以他人利益为重，实际上是在为自己的利益开辟道路。在做有风险的事情时，冷静沉着地让一步，方能取得绝佳效果。

小华是一个化妆品公司的推销员，小华的公司几次想与另一个化妆品公司合作都未如愿。经过小华的不懈努力，该公司终于答应与小华的公司合作，但有一个要求：要在其化妆品广告词中加上该公司的名字。

小华公司的老总却不同意，认为这是花钱替别人打广告，协商又陷入僵局，合作公司限小华的公司两天内回话。

小华听到这个消息，直接找到老总，让他赶紧答应，否则会错失良机。老总不乐意地说："我坚决不妥协，他们这是以强欺弱。"小华认为把产品和一个著名的品牌绑在一起是有利的，经他的劝说，老总终于同意了合作的条件。事情像小华预料的一样，公司的经营蒸蒸日上，销售额直线上升，小华也因此被提升为业务总经理。

实际上，退后一步是在冷静中窥视时机，然后准确出击。这里所说的退是另一种方式的进。暂时退却弯腰，养精蓄锐，以待时机，这样的退后再进会更快、更好、更有效、更有力，而弯腰则会增强以后的爆发力和冲劲，使人对你刮目相看。退是为了以后再进，暂时放弃某些有碍大局的目标是为了最后实现更大的成功。这退中本身已包含了进的意义，这种退更是一种进取的策略。

《菜根谭》中说："径路窄处，留一步与人行；滋味浓时，减三分让人尝。此是涉世一极安乐法。"妥协从退让开始，以胜利告终，表面是以对方利益为重，实际是为自己的利益开道。以小步的退却换取大踏步的前进，何乐而不为呢？

暂时的让步不是吃亏，而是为了更好地前进。为下一个目标做准备，这就是做人的道理，忍一时风平浪静，退一步海阔天空。

耐住寂寞，在寂寞中守望成功

有"马班邮路上的忠诚信使"称号的王顺友就是这样一个甘于寂寞、耐得住寂寞的人。

王顺友，四川省凉山彝族自治州木里藏族自治县邮政局投递员，全国劳模，2007 年"全国道德模范"的获得者。他一直从事着一个人、一匹马、一条路的艰苦而平凡的乡邮工作。邮路往返里程 360 公里，月投递两班，一个班期为 14 天，22 年来，他送邮行程达 26 万多公里，相当于走了 21 个二万五千里长征，围绕地球转了 6 圈！

王顺友担负的马班邮路，山高路险，气候恶劣，一天要经过几个气候带。他经常露宿荒山岩洞、乱石丛林，经历了被野兽袭击、意外受伤乃至肠子被骡马踢破等艰难困苦。他常年奔波在漫漫邮路上，一年中有330天左右的时间在大山中度过，无法照顾多病的妻子和年幼的儿女，却没有向组织提出过任何要求。

为了排遣邮路上的寂寞和孤独，娱乐身心，他自编自唱山歌，其间不乏精品，像"为人民服务不算苦，再苦再累都幸福"等。为了能把信件及时送到群众手中，他宁愿在风雨中多走山路，改道绕行以方便沿途群众。他还热心为农民群众传递科技信息、致富信息，购买优良种子。为了给群众捎去生产生活用品，王顺友甘愿绕路、贴钱、吃苦，受到群众的交口称赞。

20余年来，王顺友没有延误过一个班期，没有丢失过一个邮件，没有丢失过一份报刊，投递准确率达到100%，为中国邮政的普遍服务作出了最好的诠释。

王顺友是成功的，因为他耐住了寂寞，战胜了自己。耐得住寂寞，是所有成就事业者共同遵循的一个原则。它以踏实、厚重、沉思的姿态作为特征，以一种严谨、严肃、严峻的表象，追求着一种人生的目标。当这种目标价值得以实现时，仍不喜形于色，而是以更淡定的人生态度去探求实现另一奋斗目标的途径。而浮躁的人生是与之相悖的，它以历来不甘寂寞和一味追赶时髦为特征，有着一种强烈的功利主义驱使。浮躁的向往、浮躁的追逐，只能产出浮躁的果实。这果实的表面或许是绚丽多彩的，却并不具有实用价值和交换价值。

耐得住寂寞是一种难得的品质，不是与生俱来的，也不是一成不变，它需要长期的艰苦磨炼和自我修养。耐得住寂寞是一种有价值、有意义的积累，而耐不住寂寞是对宝贵人生的挥霍。

一个人的生活中总会有这样、那样的挫折，会有这样、那样的机遇，然而只要你有一颗耐得住寂寞的心，用心去对待、去守望，成功就一定会属于你。

成就大业者都是能耐得住寂寞的，古今中外，概莫能外。门捷列夫的化学元素周期表的诞生，居里夫人的镭元素的发现，陈景润在哥德巴赫猜想中摘取的桂冠等，都是他们在寂寞、单调中扎扎实实做学问、在反反复复的冷静思索和数次实践中获得的成就。每个人一生中的际遇肯定不会相同，然而只要你耐得住寂寞，不断充实、完善自己，当际遇向你招手时，你就能很好地把握，获得成功。

蛰伏时养精蓄锐，争取更好地飞翔

《卧虎藏龙》让华裔导演李安名噪一时。有人认为他的成功全靠运气，其实，李安能有今天的成功，与他的坚忍密不可分。

1978年8月，艺专毕业后，李安申请到美国伊利诺大学攻读戏剧。1983年顺利拿到硕士文凭后，李安花了一年的时间制作自己的毕业作品。作品出来时，除了得到当年最佳作品奖的荣誉外，也吸引了经纪人公司的注意。有一家经纪人公司不仅与他签约，还表示要将李安推荐到好莱坞。

进入好莱坞电影城发展几乎是每个年轻人的梦想，李安也不例外。与经纪人公司签约后，李安原以为离梦想已经不远了，但事情并不如想象中美好。原来所谓的经纪人，并不是帮他介绍工作，是要他有了作品后，再代表他把这部作品推销出去。然而没有剧本，哪来的电影作品？于是毕业后的李安，转而专心埋首于剧本创作。

墙上的日历就像李安笔下的稿纸一样，撕了一张又一张，整整6年的时间，他都待在家里写剧本，等机会。要进好莱坞，谈何容易！于是李安选择从中国台湾出发，果然，电影《推手》一推出，立即受到来自各界的瞩目与好评，李安6年的蛰伏得到了肯定。他说："6年不是一段短时间，如果没有相当的耐心，可能早已消沉了。"

6年之中，李安最大的体会就是，身处逆境中千万不要焦躁不安、惊慌失措及盲目挣扎。"我庆幸自己学会了忍耐，才有今日的成就。"

有的时候，无论你怎么努力，成效似乎都不大，若退一步，忍苦耐烦，静观其变，先求其次，待选定时机再东山再起，投入选中的事业中，这时你才能真正获得成功。所以说，蛰伏时多一分忍耐，多一分养精蓄锐，一定能获得更大的成功。历史上，无数英雄豪杰的事迹向我们证实了这一道理。

成吉思汗很小的时候，就对蒙古人受金国欺辱的情形怒不可遏，蒙古部落对金国可谓是恨之入骨，只是自身势力尚不足以与金国抗衡，只得忍辱负重等待时机。

后来成吉思汗渐渐崛起，但势力仍很单薄，虽对金国早已"怨入骨髓"，但还是不敢以卵击石，依旧忍受着金国的残暴统治。为了歼灭仇敌塔塔尔部，他毅然接受了金国的邀请，金军联手消灭了塔塔尔部落。对这一切，成吉思汗异常冷静和从容，他认为：金军与塔塔尔部都是他的仇敌，但仅凭他当时的力量，消灭任何一个都有很大困难，不如借一个仇敌之手先灭了另一个仇敌，少了些心头之患，以后就可以全力以赴对付金国。

立国称汗之后，成吉思汗对金国的态度逐渐强硬了起来。尤其是降服了西夏之后，成吉思汗更是威震北方，令金国也有些害怕了。此时金国大势已去，却还要撑住所谓"大国"的门面，对蒙古部落指指点点，俨然以统治者自居，简直可笑之极。即使在这个时候，成吉思汗还是没有"睚眦必报"，所谓"君子报仇十年不晚"，他仍然不动声色。后来，卫王永济继位，给成吉思汗讨伐金国带来了机会。报仇的时机到了，他开始了反击。

正是成吉思汗韬光养晦，坚忍等待时机，才有了后来的元朝，才有后来"一代天骄"的美名。所以，要成大气候者，就不得不经过漫长的等待和忍耐，只有经历了最深沉的准备和磨砺之后，你才会飞得更高。

其实，这不仅仅适用于成大业上，也适用于我们生活中的方方面面。例如在工作中，当我们的能力不足以解决面对的困难时，不妨退让一步。当然退让一步绝不是知难而退，而是灵活机动，养精蓄锐，另辟蹊径，更好地取得成功。当事业到了即将成功的时候，正是最艰难的时候，退一步换个思路，坚持到底，则成功在望。所以，当你陷于囹圄时，不妨多一份忍耐，多一份坚持，多一份准备，以迎接更大的成功。

忍耐以适应变化，获得真的成功

西武集团在世界上是赫赫有名的企业，它的掌门人堤义明在1987年连续两年登上《福布斯》企业家财富榜的榜首。然而，西武集团今天的成就，却来自一个"忍"字。

堤义明的父亲——西武集团创始人堤康次郎临终时，留下一份特殊的遗嘱："在我死后的10年里，不要做任何创业，只能忍，即使有新的构想，也不能付诸行动。10年之后，你想怎么做就怎么做，你一定要按照我的想法去做。"

堤义明在早稻田读大学时，就已经是一个非常有主见的年轻人。他和几位好友一起创办了早稻田大学观光会，发动学生到西武企业去打工，表现出了很强的企划能力和实践能力。父亲去世后，堤义明接管了西武集团。

当时，堤义明正是意气风发、血气方刚之年，很想做出一些大事情，但他必须遵守父亲的遗训。10年间，面对很多投资机会，堤义明都忍住了大干一场的冲动。其中，放弃地产业的投资，是最不被人理解、事后又证明是最明智的行为。

当时，日本工业进入全盛时代，工商企业蓬勃发展，地价猛涨。

这个时候，堤义明却做出了一项惊人的决定："西武集团退出地产界。"整个日本的企业界都为此震惊，那时，做土地投资就像印钞票。这时有人开始怀疑堤义明的能力，有人还开始中伤堤义明，说他只知道靠着家业生活，于是他的高层主管也对他失去了信心。为此，企业还专门召开了一次专题会议，讨论是否投资地产业，堤义明在会议上面对经验比他丰富、年龄比他大的高层主管这样说："现在土地投资的好时机已经过去了。什么都要讲求平衡，现在大家一个劲儿地炒地皮，结果只能把正常的状态搞坏，我想，过不了多久就会出现失衡的大问题。"他当机立断："我们集团必须得有一个明智的决定，如果全体一致同意，那事情就不妙了，全体一致的主张，往往都会有毛病。现在你们大家都不同意我的看法，可是我知道我是对的，你们全都没有看到地产业的风雨已经来临了。这件事情我决定了，大家就照我的话去做就行了。"

对于这个决定，有的人说堤义明其实是拥有了太多的土地，满足了，所以不想再做土地买卖。不错，当时西武集团拥有的土地数量是日本最多的，可是在地产行情最好的时候放弃地产投资，却并不是因为他已经握有大量的土地，而是因为他收集到了足够的情报。分析表明，地产业的景气只能够维持几年，土地供过于求，只有及时收手，才不会在大灾难来临的时候一败涂地。堤义明的想法不久就得到了验证，很多地产投机者一一陷入了困境。

到1974年，堤义明忍够了10年，确保阵脚不乱，为他后来

决定上限的
是你的格局和情商

的全面出击打下了良好的基础。1974 年之后，当其他企业还没有从地产投资失败中恢复元气时，他已经大举进入酒店业、娱乐场、棒球队等多个行业，在全日本刮起了一股"堤义明旋风"。

以变化适应变化，是一种策略，但前提是你要具备变化的能力。忍耐，以不变应万变也是一种策略，在这种策略下，你可以更仔细地观察对手、养精蓄锐、磨炼内功，等待时机的降临。

现今社会处于高速变化中，跟着外界高速变化，往往使我们力不从心，不仅不能很好地适应变化，反而会因为手忙脚乱而失去自我，造成"赔了夫人又折兵"的结果。所以，忍耐，以不变来适应变化不失为一个良策，西武集团的成功证明了这一点。其实，这不仅对于企业有用，对我们个体的人生也是有用的。一个人最重要的就是保持独立完整的自我，以不变的自我应外界的万变，才能不被外部世界牵着鼻子走，才能获得真正的成功！

第二节 沉住气，成大器

沉住大气，厚积薄发

有一个人投师学艺，期间经常受师傅的虐待、欺负，不是骂就是打，造成他满肚子的怨恨，总认为师傅太不人道了。因此他愈学愈恨，恨意久久累积下来，到了难以平息的地步，便决定要离开，甚至准备在离开前进行报复。他跟朋友说明缘由与计划，朋友却说："你是来投师学艺的，师傅也拜了，学艺未成就离开，太可惜了！不如跟他学艺三年，等到手艺学成了再离开，到时候报仇也不嫌迟啊！"他觉得朋友的看法有道理，决定留下来。为了把手艺学精，他不得不忍耐师傅严厉的教导；也由于他的勤劳，手艺日益精巧，相对地，师傅对他也愈来愈好，种种的赞美、呵护、奖赏让他愈活愈快乐，愈学愈满足。三年后，朋友问他："三年过了，怎么还不走呢？"他说："现在师傅待我很好，舍不得走了。"

在走向成功的道路中，懂得忍耐是最难能可贵的。忍耐是一种毅力，有了它，才能不断地成长，才能逐步走向成功。有时候成功离我们真的很近，但是由于你不沉着，不够稳定，急躁而让成功与你擦肩而过。所以我们一定要沉住气，把握好身边的每一

决定上限的
是你的格局和情商

个机会。相信自己，坚持行动，你就能成功。

法国著名作家凡尔纳写过很多受人追捧的科学幻想小说，被人尊称为"科学幻想之父"，他写的著作包括：《海底两万里》《七十天环游地球》和《地心游记》等。可是他的第一部著作《气球上的五星期》，却曾经接连被 15 家出版商退稿，他们认为这部著作没有出版的价值。然而，凡尔纳并没有气馁，默默地坚持自己的梦想。结果，第 16 家出版商接受了这部作品。《气球上的五星期》成为一部非常畅销的书，并被译为多种文字。

这样，在那一年，他成为世界上非常有名的作家之一。可以想见，如果没有他的沉重坚忍，估计他的第一本书稿就要被埋葬了，也正是因为他的沉着坚忍，才给了他的书稿一个大放异彩的机会。

的确，如果你不沉住气，那么本来能办得到的事，结果也许办不成；而相反，本来没有指望的事，如果你沉住气冷静思考和分析，那么事情就有可能办成。可见，人在办事前的心态是影响其成功的重要因素，有时候，事情的难易并非如人所料，不要被表面的现象吓倒，只要再耐心一下，沉住气，就会有意外的收获。

沉得住气是一种修养，有这种修养的人往往能镇定自若地控制局面，让局势转危为安。而日常生活中，有多少人能真正做到沉着冷静，沉得住气呢？常常见到一些沉不住气的人，在头脑发热的情况下就盲目行事，最后造成憾事。

美国男子网球运动员麦肯罗，身体素质好，球技精湛。他在比赛中奔跑迅速，步伐敏捷；重扣轻吊，变化莫测，直线球、大角球更是鬼神难料。凭着他超人的体质、卓越的球艺，在历次比赛中，无论是在顺境中还是在逆境中，他都能成功地控制局势，赢得胜利，多次登上冠军的宝座。然而遗憾的是，麦肯罗球风恶劣，缺少起码的运动品质。麦肯罗在一次英国女皇俱乐部举行的伦敦草地网球比赛中，过五关斩六将，战胜了所有的对手，第三次蝉联了这项比赛的冠军。但是，就是在这次比赛中，他却多次表现出极端恶劣的球风。他不服从裁判员的判决，蛮横地质问女裁判员克拉克："你为什么要破坏这次比赛？"当场外观众对他的这种不礼貌行为进行批评和指责时，他又把怒气转向观众，大骂道："住口！""你们跳到湖里去洗洗头脑吧！"最后，当他对一个边线球的裁判提出质疑时，十分野蛮地捡起地上的网球，狠狠地向女巡边员身上砸去。裁判员克拉克实在无法忍受这种极不文明的举动，向麦肯罗出示了"非运动员行为"的警告牌。比赛结束后，麦肯罗不但不认真检查自己的过失，反而向大会提出荒唐无理的建议：不要女裁判员裁判男子比赛。他的粗鲁无礼，遭到人们激烈的反对，使他失去了众多的支持者。但麦肯罗的恶劣球风并未得到彻底改正，终于受到严厉的惩罚。1981 年 6 月 23 日，在伦敦温布尔登网球赛的第一轮比赛中，他又因一个球不服从裁判员判决并且辱骂裁判员，被大会组委会处以 1500 美元的罚款。并郑重警告他，如果今后再有类似事情发生。他将被罚款 10000 美元，甚至取消他的比赛资格。在这次受罚和严重警告以后，麦

决定上限的
是你的格局和情商

肯罗才冷静下来，开始注意自己的球风，并且在实际比赛中有了很大改进。在以后的一场双打比赛中，裁判员错判了一个边线球，他没有吵闹，十分规矩地接受了这个错判，并以友好和认真的态度打完了这场比赛。事后，记者评述道："在这场比赛中，麦肯罗的行为是无懈可击的。"但是"江山易改，本性难移"，不久，麦肯罗又旧病复发，经常在球场上因为控制不住情绪、沉不住气而辱骂裁判员、丢拍子，因而得到了一个"坏孩子"的称号。

期望得到外界的认同，这一点本无可厚非，但在遭遇不公、挫折的时候，必须学会理智，学会冷静，沉得住气，否则会使自己后悔莫及。

生活中，只有冷静沉着，沉得住气，才能理性地思考解决之道，这才是真正的智者所为。

正如星云大师所说的，现在的快速炉，快速加温，也快速冷却；温室里的花朵，快速开花，也快速凋谢。世间的万事万物都要禁得起时间的循序渐进，才会平顺。学剑的人，愈急着成就，就愈不能如愿，因为他没有留一只眼睛看自己，就会给敌人有可乘之机。所以，做人有时要当机立断，不能稍作犹豫，但大多时候则要"向前三步想一想，退后三步思一思"，才能免留遗憾。

默默不语，耐心等待成长

有这样一则小故事：

当世界年纪还小的时候，洋葱、胡萝卜和西红柿不相信世界上有南瓜这种东西，它们认为那只是空想。南瓜默默不说话，只是继续成长。日升月落，斗转星移，一晃很多年过去了，当世界长成一个大孩子的时候，南瓜已经变成了我们最熟悉的蔬菜之一。

南瓜虽然默默不语，但它耐心地等待成长，最后让世人都知道了它的存在。这个世界上，有一种人，和南瓜一样，寂寂无声，但恒心不变，只是默默辛劳地努力着，坚持到底，从不轻言放弃。事业如此，德业亦如此。

当人们感慨幸运与成功为什么常常光顾他人，都从自己身边绕路走开的时候，却很少思考：那些成功的人和自己有什么不同。耐性与恒心是实现目标过程中不可缺少的条件，是发挥潜能的必要因素。耐性、恒心与追求结合之后，形成了百折不挠的巨大力量。

也许，我们每个人的心里都有一个执着的愿望，只是一不小心把它丢失在了时间的蹉跎里，让世上最容易的事变成了最难的事。然而，天下难事不过十分之一，能做成的有十分之九。想成就大事大业的人，必须有恒心来成就它，要以坚韧不拔的毅力、百折不挠的精神、排除纷繁复杂的耐性、坚贞不变的气质，作为涵养恒心的要素，去实现人生的目标。

一位青年问著名的小提琴家格拉迪尼："你用了多长时间学琴？"格拉迪尼回答："20 年，每天 12 小时。"

也有人问基督教长老会著名牧师利曼·比彻，他为那篇关于"神的政府"的著名布道词，准备了多长时间？牧师回答："大约 40 年。"

我们在大千世界中，或许微不足道，不为人知。但是我们能够耐心地增长自己的学识和能力，当我们成熟的那一刻，一展所能的那一刻，将会有惊人的成就。

正如布尔沃所说的，"恒心与忍耐力是征服者的灵魂，它是人类反抗命运、个人反抗世界、灵魂反抗物质的最有力支持，它也是福音书的精髓。从社会的角度看，考虑到它对种族问题和社会制度的影响，其重要性无论怎样强调也不为过。"

凡事没有耐性，不能持之以恒，正是很多人最后失败的原因。英国诗人布朗宁写道：

实事求是的人要找一件小事做，

找到事情就去做。

空腹高心的人要找一件大事做，

没有找到则身已故。

实事求是的人做了一件又一件，

不久就做一百件。

空腹高心的人一下要做百万件，

结果一件也未实现。

人生像一场马拉松赛跑，有耐力能支持到最后的就是成功者；比别人慢没有关系，中途倒下也没有关系，只要我们有恒心达到目标，到终点时一样会有人为我们鼓掌。

拥有耐力和恒心，虽然不一定能使我们事事成功，但绝不会令我们事事失败。古巴比伦富翁拥有恒久财富的秘诀之一，便是保持足够的耐心，坚定发财的意志，所以他才有能力建设自己的家园。任何成就都来源于持久不懈的努力，星云大师告诉世人，把人生看作一场持久的马拉松。整个过程虽然很漫长、很劳累，但在挥洒汗水的时候，我们已经慢慢接近了成功的终点。半路放弃，我们就必须要找到新的开始，那样我们会更加迷失，可是如果能继续坚持下去，原路行进，成功的终点是不会弃我们而去的。

在忍耐中坚强，在坚强中成长

有一支刚刚被制作完成的铅笔即将被放进盒子里送往文具店，铅笔的制造商把它拿到了一旁。

制造商说，在我将你送到世界各地之前，有5件事情需要告知：

第一件，你一定能书写出世间最精彩的语句，描绘出世间最美丽的图画，但你必须允许别人始终将你握在手中。

第二件，有时候，你必须承受被削尖的痛苦，因为只有这样，你才能保持旺盛的生命力。

第三件，你身体最重要的部分永远都不是你漂亮的外表，而是黑色的内芯。

第四件，你必须随时修正自己可能犯下的任何错误。

第五件，你必须在经过的每一段旅程中留下痕迹，不论发生什么，都必须继续写下去，直到你生命的最后一毫米。

铅笔的一生是充满传奇的一生，它用自己的生命勾勒着世人心中最精致的图画，书写着最温暖的文字，即使在生命渐渐消失的时候，还在创造着新鲜的美丽。但是，它所迈出的每一步，都踩在锋利的刀刃上，它一生都在忍受着无穷的痛苦。

生活总是充满苦难和磨炼的，而充实的生命、幸福的人生，需要能够忍受寂寞，忍受他人的恶意羞辱，忍受生活的磨炼，在忍耐中坚强，在坚强中成长。

美国前总统克林顿的童年很不幸。他出生前4个月，父亲死于一次车祸。他母亲因无力养家，只好把出生不久的他托付给自己的父母抚养。童年的克林顿受到外公和舅舅的深刻影响。他自己说，他从外公那里学会了忍耐和平等待人，从舅舅那里学到了说到做到的男子汉气概。他7岁时随母亲和继父迁往温泉城，不幸的是，双亲之间常因意见不合而发生激烈冲突。继父嗜酒成性，酒后经常虐待克林顿的母亲，小克林顿也经常遭其斥骂。这给从小就寄养在亲戚家的小克林顿的心灵蒙上了一层阴影。

坎坷的童年生活，使克林顿形成了尽力表现自己，争取别人喜欢的性格。

他在中学时代非常活跃，一直积极参与班级和学生会活动，并且有较强的组织和社会活动能力。他是学校合唱队的主要成员，而且被乐队指挥定为首席吹奏手。

1963年夏，他在"中学模拟政府"的竞选中被选为参议员，应邀参观了首都华盛顿，这使他有机会看到了"真正的政治"。参观白宫时，他受到了肯尼迪总统的接见，不但同总统握了手，而且还和总统合影留念。

此次华盛顿之行是克林顿人生的转折点，使他的理想由当牧师、音乐家、记者或教师转向了从政，梦想成为肯尼迪第二。

有了目标和坚强的意志，克林顿此后 30 年的全部努力，都紧紧围绕这个目标。上大学时，他先读外交，后读法律——这些都是政治家必须具备的知识修养。离开学校后，他一步一个脚印：律师、议员、州长，最后达到了政治家的巅峰——总统。

人都希望在一个平和顺利的环境中成长，但上帝并不喜爱安逸的人们，他要挑选出最杰出的人物，让这部分人历经磨难，千锤百炼终成金。一位大学者说过："苦难是一所学校，真理在里面总是变得强有力。"每一个渴望成功的人都需要到苦难中接受教育。

历经风雨的洗礼，忍耐苦难的磨炼，生命才能常活常新。忍是人生一大修养，也是过幸福生活不可或缺的动力。

真正的忍耐不仅在脸上、口上，更在心上，是自然就如此，不需要费力气、分毫不勉强的忍耐。人要活着，必须以忍处世，不但要忍穷、忍苦、忍难、忍饥、忍冷、忍热、忍气，也要忍富、忍乐、忍利、忍誉。以忍为慧力，以忍为气力，以忍为动力，还要发挥忍的生命力。只要你在忍耐中坚强，就必定能在坚强中成长。

第三节 感谢折磨你的人

以柔克刚，用忍耐力化解难题

一天，南风和北风争吵起来，它们都认为自己比对方更加强大，恰逢一位穿着大衣的老人从它们身边经过，于是它们决定比试一下，看看谁能先让老人把大衣脱下来。

北风首先发威了，它吹出凛凛寒风，瞬时间寒气逼人，但是老人并没有把大衣脱下来，反而将衣服裹得更紧，急匆匆地向前走去。

北风终于放弃了，它无可奈何地朝着南风耸了耸肩。

南风微微一笑，徐徐吹拂，渐渐地，天暖了起来，颇有几分春暖花开的感觉，老人放慢了脚步，将大衣脱了下来。

这则出自法国作家拉封丹笔下的寓言被称为"南风法则"或"温暖法则"，从中不难看出，温和和友善的力量，有时候比暴力更强大。

柔和比风暴更强大，它并非丧失原则的一味退让，而是源自内心慈悲的一种高境界的坚守，从不曾剑拔弩张，却依旧保持了应有的风范与淡定。忍耐是一种柔和的力量，像是一股温暖的春风，它轻轻吹过，冰河解冻，花木成行。

唐玄宗开元年间有位梦窗禅师，他德高望重，既是有名的禅师，也是当朝国师。

有一次他搭船渡河，渡船刚要离岸，这时从远处来了一位骑马佩刀的大将军，大声喊道："等一等，等一等，载我过去！"他一边说一边把马拴在岸边，拿了鞭子朝水边走来。

船上的人纷纷说道："船已开行，不能回头了，干脆让他等下一班吧！"船夫也大声回答他："请等下一班吧！"将军非常失望，急得在水边团团转。

这时坐在船头的梦窗禅师对船夫说道："船家，这船离岸还没有多远，你就行个方便，掉过船头载他过河吧！"船夫看到是一位气度不凡的出家师父开口求情，只好把船撑了回去，让那位将军上了船。

将军上船以后就四处寻找座位，无奈座位已满，这时他看见坐在船头的梦窗禅师，于是拿起鞭子就打，嘴里还粗野地骂道："老和尚！走开点，快把座位让给我！难道你没看见本大爷上船？"没想到这一鞭子正好打在梦窗禅师头上，鲜血顺着脸颊流了下来，禅师一言不发地把座位让给了那位蛮横的将军。

这一切，大家都看在眼里，心里是既害怕将军的蛮横，又为禅师的遭遇感到不平，纷纷窃窃私语：将军真是忘恩负义，禅师请求船夫回去载他，他还抢禅师的位子，并且打了他。将军从大家的议论中，似乎明白了什么。他心里非常惭愧，不免心生悔意，

决定上限的
是你的格局和情商

但身为将军却拉不下脸面，不好意思认错。

不一会儿，船到了对岸，大家都下了船。梦窗禅师默默地走到水边，慢慢地洗掉了脸上的血污。那位将军再也忍受不住良心的谴责，上前跪在禅师面前忏悔道："禅师，我……真对不起！"梦窗禅师心平气和地对他说："不要紧，出门在外难免心情不好。"

"出门在外，难免心情不好"，这句话中包含的宽容与善意，将对那位蛮横将军的内心产生怎样的撞击呢？梦窗禅师用一句简单的话感化了冒犯他的人，如春风化雨，这般风范，令人不得不肃然起敬。

柔和的力量是强大的：声音柔和，就能够渗透到更加辽远的空间；目光柔和，轻轻拂过便能卷起心扉的窗纱；表情柔和，与人的沟通交流便更加容易。

两千多年前，老子就曾经说过"柔胜刚，弱胜强"，正如以柔克刚的太极，在行云流水般的自然柔和、不知不觉间，已然登峰造极。

忍耐力让自己有着一股能担当、接受、处理、面对的能力和勇气，不以语言、暴力去抗拒，而是由内心一种柔和强大的力量去化解。

学会自制，化险为夷

刘备投奔曹操后，在住所后院辟了一块菜地，每日亲自浇灌，放下身段，夹着尾巴度日，让外人觉得他不过凡夫俗子，没有野心，更让曹操对他放心。关羽、张飞两位诚实直爽之人，哪里懂得刘备的思想。所以当二人劝说刘备应当留心天下大事，而不应该做种菜这种活时，刘备总是说："这不是两位兄弟所知道的。"

一天，关羽和张飞都不在，曹操派人来请刘备过去。刘备大吃一惊，但又没有办法，只得随来人入府拜见曹操。曹操绵里藏针地说："您学种菜可真不容易呀！"刘备说："没有事消遣消遣罢了！"曹操就邀刘备来到小亭里，只见里面诸物齐备，盘置青梅，一樽煮酒，于是二人对坐，开怀畅饮。

酒喝到半醉时，忽然阴云密布，骤雨将至。随从说天边挂着长龙，并指给二人看，曹操借题发挥，便问："您知道龙的变化吗？"刘备说："知道得不太详细。"曹操说："龙能大能小，能升能隐，大则兴云吐雾，小则隐芥藏形；升则飞腾于宇宙之间，隐则潜伏于波涛之内。现在正是深春时节，龙能够顺应时节而变化，就好像人得志纵横四海一样。龙作为动物，可用世上的英雄来做比方。您长期以来，游历四方，一定知道当世英雄。请您试着说说吧！"刘备说："我是肉眼凡胎，哪里能认得英雄呢？"曹操说："您就不要太谦虚了吧！"刘备仍然装糊涂："我得到您的庇护，做了朝廷官员。天下英雄，真的不知道啊。"曹操说："那么，既然您不知道他们的长相，也应该听到他们的名字吧。"再装糊涂是没有办法了，这条路堵死了，于是，刘备举出淮南袁术，河北袁绍、刘表，江东孙策、益州刘璋、张绣、张鲁、韩遂等人，都一一被曹操否定。刘备只好说："除这些人之外，我实在不知。"

曹操说："所谓英雄，是指胸怀大志，腹有良谋，有包藏宇宙之机、吞吐天地之志的人啊！"刘备说："那么，谁能称作这样的英雄呢？"曹操用手指了指刘备，又指指自己，说："今天下英雄，只有您与我罢了！"曹操看似不经意的话，其实不仅是一种试探，更包藏着杀机，且不说刘备正在曹操的府上，即使在外边，如果证实了曹操的推测，他也不会放过刘备的。

刘备听后大吃一惊，到底被曹操识破真面目了，那么，自己"放下身段"的招法是不是没有瞒过奸雄曹操呢？如果这时默认或辩解，都将无济于事，慌乱之中，手中的汤匙和筷子掉到地上。恰在此时，大雨将至，雷声隆隆，刘备随即从从容容、不动声色地俯下身子，捡起了汤匙和筷子，又不紧不慢地说："雷声一震竟有如此大的威力，我的匙筷都掉了。"曹操笑着说："男子汉大丈夫也害怕雷吗？"刘备说："圣人见到迅雷风烈还变色哪，我怎么能不害怕呢？"一句话就把自己因听到曹操的话而吃惊落匙的原因轻轻掩饰过去。曹操果然相信了刘备的话，认为他听到打雷还要害怕，可见不是真英雄了，也就不再怀疑刘备了。

刘备放下身段，克制自己的言行免除了曹操的猜忌，保住了身家性命。不久，刘备便逃走了，最后，建立了一番大功业。

成大事者善自制。历史往往是最有说服力的。自制，是一种忍耐，是一种等待成功的方法。能放下身段克制自己言行的人是聪明人，他们能够通过忍耐和等待获得机会，这也是他们能够成就一番事业的重要素质之一。

自制力强的人，处在危险和紧张状态时，不轻易为激情和冲动所支配，不意气用事，能够保持镇定，克制内心的恐惧和紧张，做到临危不惧，忙而不乱。生活中到处都潜伏着危险，我们要像刘备一样，克制住自己，在黑暗来临之前忍耐住内心的愤怒、耻辱等情绪的波涛汹涌，把即将来临的危险化为无形。所以，自制是每个人都必备的保全人生的武器，我们无论是做大事还是做小事，如果情况对自己不利，都应该学会克制，忍耐一时的不满，积蓄成功的力量，并努力寻找一切有利于自己成功的机会。

遇谤不辩，用沉默来做最好的反抗

《新唐书》中有一则武则天与狄仁杰的故事：

武则天称帝后，任命狄仁杰为宰相。有一天，武则天问狄仁杰："你以前任职于汝南，有极佳的表现，也深受百姓欢迎。但有一些人总是诽谤诬陷你，你想知道详情吗？"狄仁杰立即告罪道："陛下如认为那些诽谤诬陷是我的过失，我当恭听改之；若陛下认为并非我的过失，那是臣之大幸。至于到底是谁在诽谤诬陷，如何诽谤，我都不想知道。"武则天闻之大喜，推崇狄仁杰为仁师长者。

真正有智慧的人是不会被流言中伤的。因为他们懂得用沉默来对待那些毫无意义的流言诽谤。鲁迅先生曾经说过："沉默是最好的反抗。这种无言的回敬可使对方自知理屈，自觉无趣，获得比强词辩解更佳的效果。"在面对无聊的人的谣言攻击时，最明智的态度就是不辩。无视对方，就是给对方最好的反击。

浊者自浊、清者自清，用不着过多的解释，也没必要整天为着别人说过的话而给自己平增烦恼。用心如止水来应对诽谤，令其被时间洗礼，荡涤掉表面的伪装，诽谤自然不攻自破。在生活中，拥有"不辩"的胸襟，就不会与他人针尖对麦芒，睚眦必报；拥有"不辩"的情操，宽恕永远多于怨恨。

在白隐禅师所住的寺庙旁，有一对夫妇开了一家食品店，家里有一个漂亮的女儿，无意间，夫妇俩发现尚未出嫁的女儿竟然怀孕了。这种见不得人的事，使得她的父母震怒异常！在父母的一再逼问下，她终于吞吞吐吐地说出"白隐"两字。

她的父母怒不可遏地去找白隐理论，但这位大师不置可否，只若无其事地答道："就是这样吗？"孩子生下来后，就被送给白隐，此时，他的名誉虽已扫地，但他并不以为然，只是非常细心地照顾孩子——他向邻居乞求婴儿所需的奶水和其他用品，虽不免横遭白眼，或是冷嘲热讽，他总是处之泰然，仿佛他是受托抚养别人的孩子一样。

事隔一年后，这位没有结婚的妈妈，终于不忍心再欺瞒下去了，她老老实实地向父母吐露真情：孩子的生父是住在同一幢楼里的一位青年。她的父母立即将她带到白隐那里，向他道歉，请他原谅，并将孩子带回。

白隐仍然是淡然如水，他只是在交回孩子的时候，轻声说道：“就是这样吗？”仿佛不曾发生过什么事；即使有，也只像微风吹过耳畔，霎时即逝！

白隐为给邻居女儿以生存的机会和空间，代人受过，牺牲了为自己洗刷清白的机会，受到人们的冷嘲热讽，但是他始终处之泰然，只有平平淡淡的一句话——“就是这样吗？”面对诽谤，白隐显得那么淡然自若，其修为之深不可测量。也许有人会说他傻得可怜，然而对于修佛之人来说，心容万物，藏污纳垢，其实算不得什么，反而是大无畏的精神。

《庄子·内篇·齐物论第二》：“夫大道不称，大辩不言，大仁不仁，大廉不谦，大勇不忮。道昭而不道，言辩而不及，仁常而不成，廉清而不信，勇忮而不成。”意思是指，至高无上的真理是不必宣扬的，最了不起辩说是不必言说的，最具仁爱的人是不必向人表示仁爱的，最廉洁方正的人是不必表示谦让的，最勇敢的人是从不伤害他人的。真理完全表露于外那就不算是真理，逞言肆辩总有表达不到的地方，仁爱之心经常流露反而成就不了仁爱，廉洁到清白的极点反而不太真实，勇敢到随处伤人也就不能成为真正勇敢的人。

只要具备这五个方面就是融汇了做人的道理。真理不必宣扬，做人不必标榜。真正有修养的人，即使在面对诽谤时也是极具有君子风度的。所谓浊者自浊、清者自清，遇谤不辩，诽谤最终会在事实面前不攻自破。

在现实生活中，说话是人际沟通中最重要的一种方式。在这个沟通过程中，说来说去，自难免有失真之语。诽谤就是失真言语中的一种攻击性很强的恶意伤害行为。俗语云：明枪易躲，暗箭难防。也许，在很多时候，诽谤与流言并非我们所能够制止的，有人群的地方就有流言。那么，在生活中我们对待流言的态度就显得十分重要，正如美国总统林肯所说："如果证明我是对的，那么人家怎么说我都无关紧要；如果证明我是错的，那么即使花十倍的力气来说我是对的，也没有什么用。"

当流言蜚语已经出现，一味地争辩往往会适得其反，让人觉得你在极力掩盖事实，有句话叫作"解释便是掩饰"，这话不是没有道理。因此还属鲁迅先生说得好："沉默是金。"的确，很多时候我们越是急于表现自己，就越是起到相反的效果。误会发生了，即使你再诚恳地解释，对方也未必听得进去。所以对付诽谤最好的方法便是保持沉默，保持忍耐，让清者自清而浊者自浊，此乃最明智的选择。

既要会隐忍，又要能奋发

现实生活中，许多身怀绝技的人都显得谦虚谨慎，把自己的"绝世武功"隐藏得非常严密。其实，这么做的主要原因就是想"不鸣则已，一鸣惊人"。这即是所谓的"既会隐忍，又能奋发"，实际上就是该藏则藏，该露则露，这就牵涉到一个"度"的问题。

隐藏只是为了更好地释放，预示着他们正在寻求有利的释放时机，一旦时机成熟再充分地表现自己，使自己脱颖而出，成为众人的焦点。

庞统是与诸葛亮齐名的能人。但庞统天生怪异、相貌丑陋，因此不太受人喜欢。他先投奔吴国，孙权嫌他相貌丑陋没有留用他。

于是，庞统便投奔了蜀国的刘备。临行前，孔明交给庞统一封推荐信，表示一旦刘备见此推荐信定当重用他。

可是庞统见到刘备时并没有将推荐信呈上，而是以一个平常谋职者的身份求见，因此，刘备只让他去治理一个不起眼的小县。

虽然如此，身怀治国安邦之才的庞统，并没有为此而耿耿于怀，他深知靠人推荐难掩悠悠众口，他要在该露脸的时候才露脸。

于是，庞统当着刘备的心腹、爱弟张飞的面，将一百多天积累的公案，用不到半日就处理得干净利索、曲直分明，令众人心服口服。

庞统这种该藏则藏、该露则露，既会隐忍、又能奋发的做人方式，使得他步步高升，不久后便被刘备提升为军师中郎将。

英雄就是这样，不仅会忍耐，也会奋发。时势造英雄，所以，奋发要掌握时机。没有第二次世界大战，哪里有朱可夫那样的元帅，哪里有丘吉尔那样的首相，哪里有罗斯福那样的总统？所以要把握住机会，不鸣则已，一鸣惊人。

隐忍与奋发，关键在"度"，在时机，抓住机遇奋发，就可能一鸣惊人，功成名就。切不可不看时机，否则一步不慎，就可能事事不顺。

某大企业的策划总监血气方刚，上任之初把三把火烧成燎原之势，大刀阔斧撤换班底，推行改革。这位策划总监颇具才华，但因年轻气盛，因而，遭到其他中层主管的抵制。整个蓝图成了他的独角戏，别人非但没有发挥力量，反而把他视为障碍。最终越唱越难，只好挂印走人。

在现实生活中存在着的这样一种自视颇高的人，他们锐气旺盛、锋芒毕露，处世不留余地，咄咄逼人。他们虽然也有充沛的精力、很高的热情，也有一定的才能，但这种人却往往在人生旅途上屡遭挫折。这其中的重要原因就是过于天真，没有把握好隐忍与奋发的关系。

有一位分配到某单位的大学生，从下车间开始，就对单位这也看不惯，那也看不顺。未到一个月，他给单位领导上了洋洋万言意见书，上至单位领导的工作作风与方法，下至单位职工的福利，都一一列出了现在的问题与弊端，提出了周详的改进意见。由此，他被单位的某些掌握实权的领导视为狂妄、骄傲，不仅没有采纳他的意见，反而借别的理由将他退回学校再作分配。

这个大学生作为锋芒毕露者的典型，在新的人际关系圈子中未能处理好包括上下级关系在内的各种关系，加上又不注意讲究策略与方式，结果不仅是妨碍了个人才能的发挥，还招来了嫉妒和排斥。

因此，在现实中，必须讲究隐忍的策略与艺术。锋芒毕露者，他们往往不会因锋芒毕露而走向成功，却反而容易因此遭受挫折，甚至一蹶不振。为人处世既要能隐忍，又要能够瞅准时机奋发。

决定上限的
是你的格局和情商